Brigitte Waldschmidt

Schritt für Schritt

Acrylmalerei

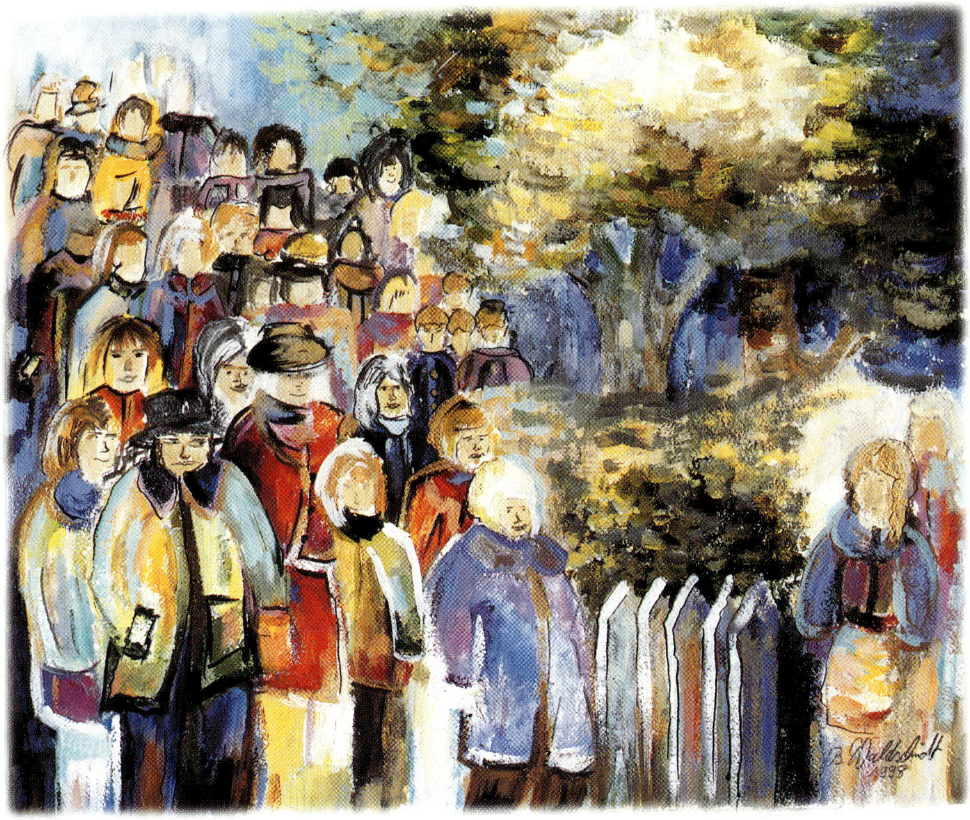

ENGLISCH VERLAG

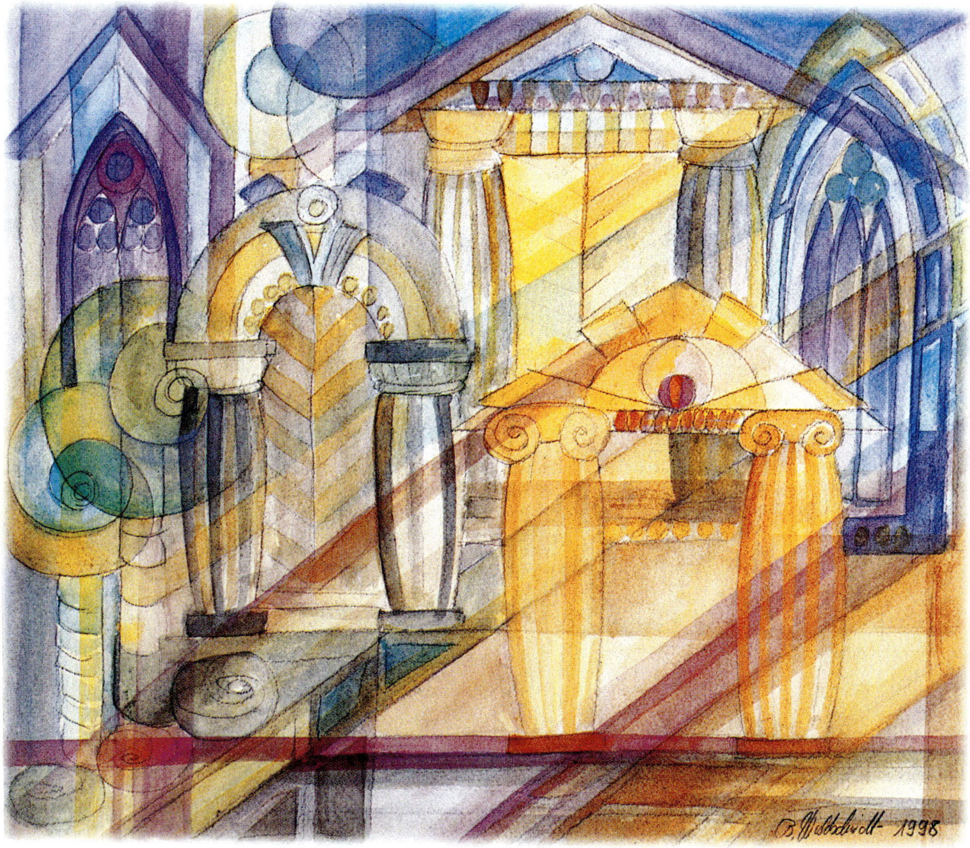

Die Deutsche Bibliothek – CIP-Einheitsaufnahme
Acrylmalerei / Brigitte Waldschmidt. – Wiesbaden: Englisch, 1999
(Schritt für Schritt)
ISBN 3-8241-0874-7

ISBN 3-8241-0874-7

Fotos: Frank Schuppelius
Herstellung: Michael Feuerer
Printed in Spain

Inhalt

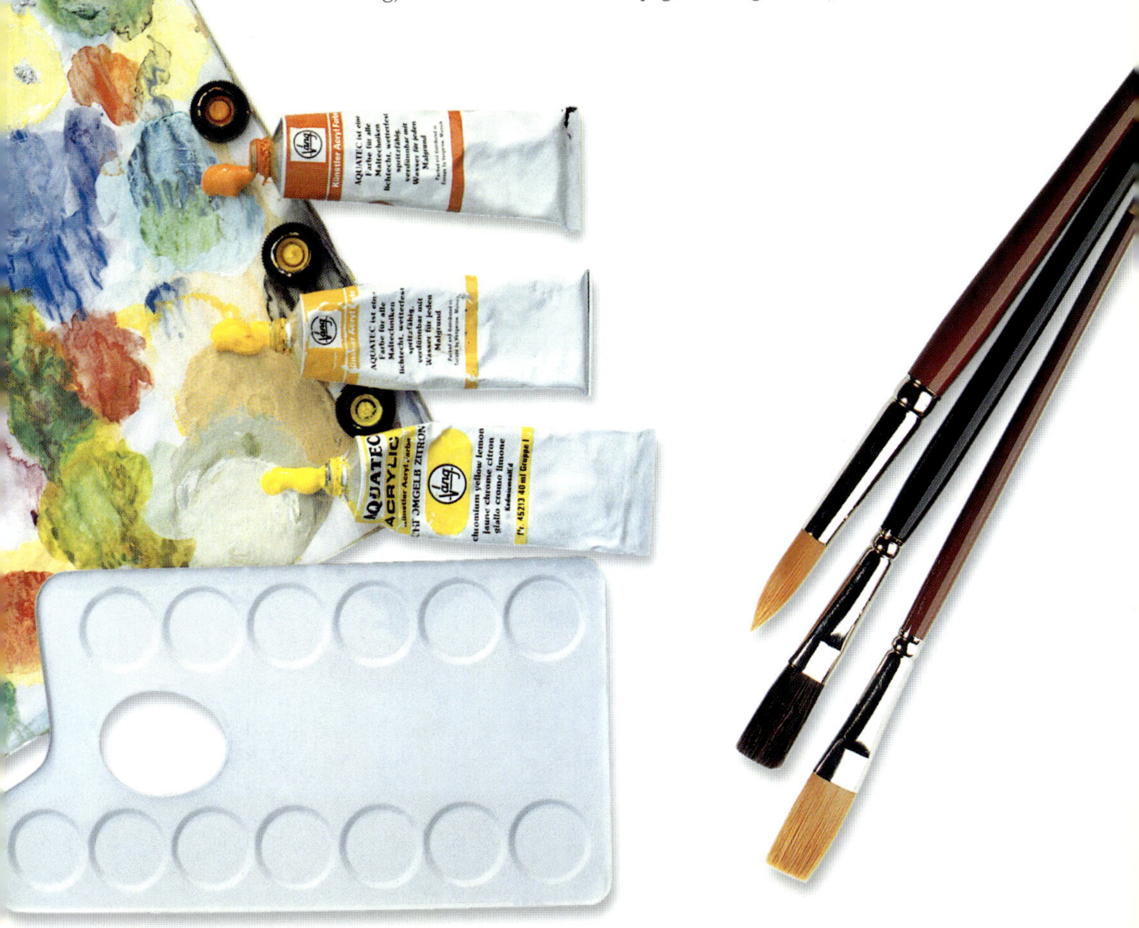

Vorwort

In einer Zeit, die immer mehr von Computern und modernen Kommunikationsmitteln bestimmt wird, ist der Wunsch nach einer eigenen Ausdrucksweise auch in visueller Hinsicht besonders groß. Wer sehnt sich hier nicht nach einer wirklich kreativen Tätigkeit, eine, bei der wir unsere Hände und unsere Phantasie einsetzen können. Die Malerei zählt sicher zu einem jener Hobbys, das diesen Anspruch erfüllt. Ein Segment davon ist die Acrylmalerei. Das Material für diese Art der Malerei ist relativ neu, denn erst durch die moderne Chemie wurde die Basis für die Acrylfarbe geschaffen und dies erst in unserem Jahrhundert. Ein wesentlicher Vorteil, vor allem für den Anfänger und Hobbykünstler, ist die außerordentliche Vielseitigkeit dieses Farbmaterials zusammen mit darauf abgestimmten Hilfsmaterialien. Diese Vielseitigkeit spiegelt sich in den unterschiedlichsten Techniken der Malerei wieder. So lässt sich die Acrylfarbe beispielsweise als Aquarellfarbe verarbeiten, aber auch ein deckender, ölmalereiartiger Farbauftrag ist unter Verwendung von Tubenfarben möglich. Dieses breitgefächerte Betätigungsfeld lässt auch sehr interessante Mischtechniken zu, die in sich die Charaktere verschiedener Darstellungstechniken vereint. Dieses Anleitungsbuch soll Ihnen mit einfachen Bildbeispielen Schritt für Schritt die Grundtechniken aufzeigen. Beim Nacharbeiten des einen oder anderen Bildes werden Sie sicherlich feststellen, dass es gar nicht so einfach ist, eine exakte Trennlinie zwischen den einzelnen Techniken zu ziehen. Mit etwas Phantasie lässt sich die leicht zu verarbeitende Acrylfarbe zu beachtlichen künstlerischen Werken verarbeiten. Auch Plastiken und plastisch ausgearbeitete Untergründe können mit Acrylfarbe bemalt werden; durch die hohe Flexibilität spannt sich die Farbe wie eine Haut über erhabene Flächen, ohne rissig zu werden. Zu Beginn sollten Sie sich in kleinen Schritten an die Acrylmalerei heranarbeiten, ist man mit dem Material besser vertraut, lassen sich auch ausgefallenere Bilder gestalten. Ich wünsche Ihnen viel Spaß, Erfolg und viele gute eigene Ideen.

Brigitte Waldschmidt

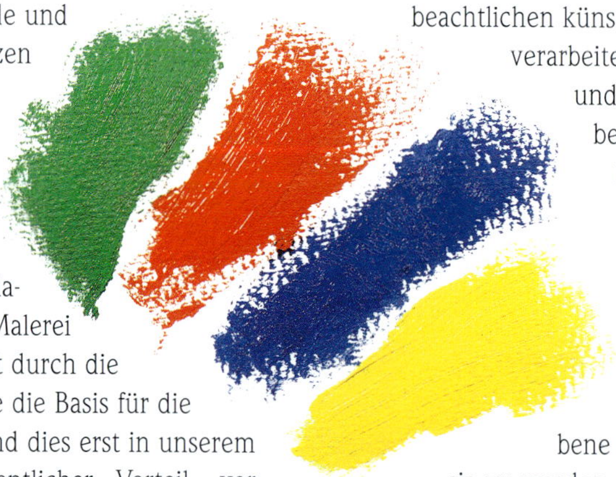

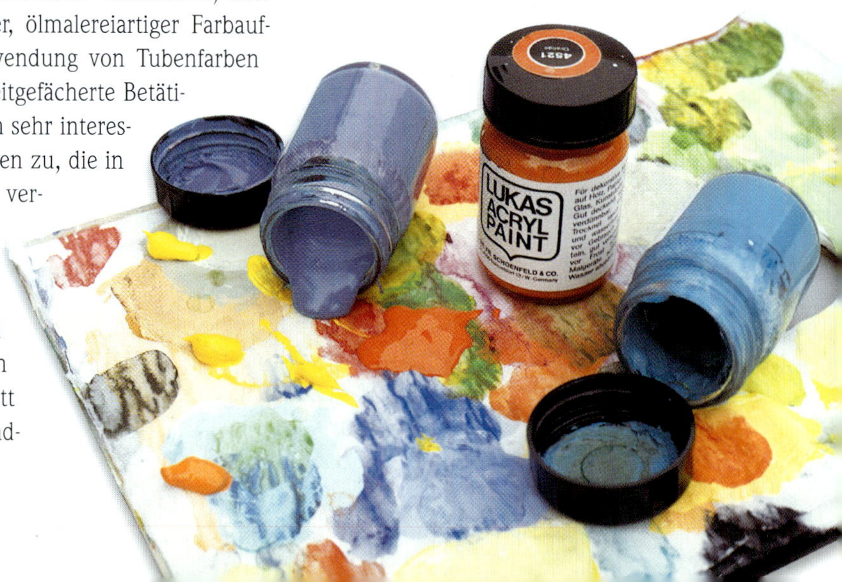

Material und Grundsätzliches

Farben

Alle Farben bestehen aus Pigmenten und aus Bindemittel. Bei den Pigmenten handelt es sich um fein gemahlenes Pulver, das entweder natürlich oder synthetisch gewonnen wird. Das Bindemittel ist dafür verantwortlich, um welche Farbe es sich handelt, so haben Aquarellfarbe, Ölfarbe, Temperafarbe und Acrylfarbe unterschiedliche Bindemittel. Für die Acrylfarbe wird ein so genanntes synthetisches Bindemittel, das durch Polymerisation gewonnen wird, verwendet. Acrylfarben weisen eine hohe Lichtechtheit auf, sie sind alterungsbeständig, vergilben nicht und zeichnen sich durch eine extreme Flexibilität aus. Die Verarbeitung der Acrylfarben ist sehr unkompliziert, da sie mit Wasser verdünnt werden. Die Menge des Wassers richtet sich nach der gewünschten Konsistenz. Bei einem deckenden Farbauftrag verwendet man weniger Wasser als bei einem lasierenden Farbauftrag. Die einmal getrocknete Farbe lässt sich nicht mehr anlösen, selbst wenn sie transparent aufgetragen wurde. Eine weitere positive Eigenschaft der Acrylfarbe ist ihre außergewöhnliche Brillanz.

Je nach Hersteller variiert die Konsistenz der Farben und somit auch die Verpackungsarten und Gebindegröße. Acrylfarben in Tuben sind pastoser und zähflüssiger als die Farben in Gläsern und Plastikflaschen. Malt man auf Papier oder Leinwand, so eignen sich Tubenfarben; wenn Sie eine größere Wandmalerei ausführen wollen, sollten Sie eher flüssige Farben in großen Flaschen oder Gläsern verwenden.

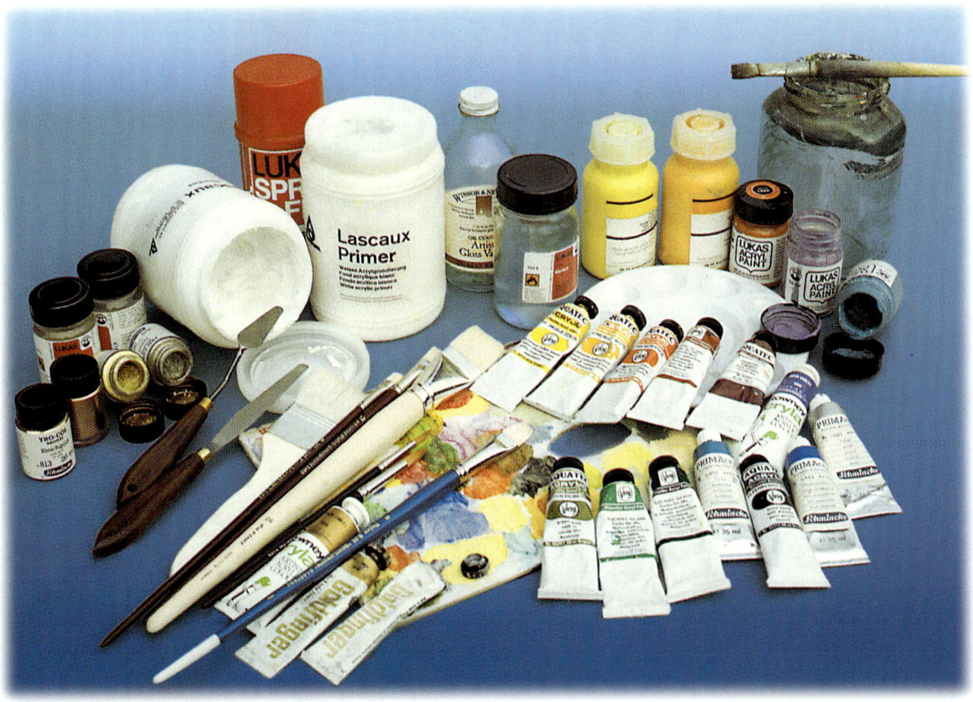

Die im Handel angebotenen Farbpaletten sind bei allen Herstellern ausreichend. Mit den drei Grundfarben Rot, Gelb und Blau sowie den Farben Schwarz und Weiß lassen sich theoretisch alle Farbnuancen mischen. Es ist jedoch wesentlich einfacher, auf einen guten Grundstock an Farben zurückgreifen zu können. Im Gelbtonbereich sollte man ein Zitronen-, ein Kadmium- und ein Orangegelb zur Hand haben. Der Rottonbereich kann ebenfalls durch drei Töne abgedeckt werden. Diese sollten aus einem warmen Zinnoberrot, aus einem kühleren Karminrot und einem Echtpurpurrot bestehen. Für den Blautonbereich sind die Farben Violettblau, Ultramarinblau, Cölinblau und ein Türkisblau wichtig. Der Grüntonbereich kann durch das Mischen von Gelb und Blau erreicht werden, doch es ist auch hier ratsam, drei fertig gemischte Farben zur Verfügung zu haben. Ich empfehle ein Chromoxidgrün, ein Permanentgrün und ein Goldgrün. Zu diesen 13 Farben kommen Schwarz und Weiß hinzu, es empfiehlt sich auch, einen warmen Ockerton, ein Siena gebrannt und ein Umbra hinzuzunehmen. Im Gegensatz zu Aquarell- oder Temperafarben kann man Acrylfarbe nach dem Trocknen nicht mehr anlösen. Da diese Trocknungszeit, je nach Konsistenz der Farbe, sehr kurz ist, sollten die Farben durch eine Folie oder einen Deckel geschützt werden.

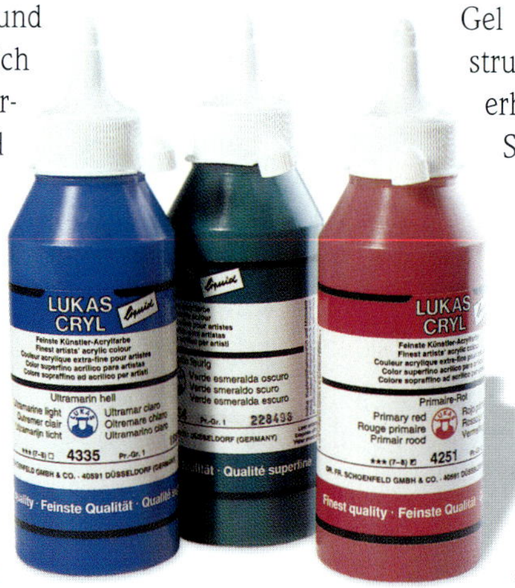

Grundierung und Strukturpaste

Die Grundierung ist ein Hilfsmittel, das bei glatten Oberflächen wie Papier, Putz, Metall oder Glas die Haftfähigkeit der Farben verbessert; bei stark saugenden Untergründen wie Holz, Pappe oder trockener Putz wird die Oberfläche durch die Grundierung versiegelt, sodass weniger Farbe benötigt wird. Zudem behält die Farbe auf einem grundierten weißen Untergrund ihre volle Brillanz bei. Bei der Grundierung handelt es sich um ein alterungsbeständiges Material, das nicht vergilbt oder rissig wird. Pinsel, die zum Auftrag der Grundierung verwendet wurden, sollte man anschließend gut mit reichlich Wasser und etwas Seife auswaschen.

Ein weiteres wichtiges Gestaltungsmittel in der Acrylmalerei ist die Strukturpaste. Im Handel sind sowohl weiße als auch transparente, gelartige Pasten erhältlich. Diese Pasten kann man bereits vor dem Auftrag mit Acrylfarbe mischen, doch auch eine anschließende Bearbeitung der reliefartigen Strukturen mit Farbe ist möglich. Die sehr leichte weiße Strukturpaste ist besonders saugfähig und bietet interessante Gestaltungsmöglichkeiten. Die transparente Strukturpaste hingegen trocknet sehr glatt, bei Verwendung dieser Paste sollten Sie Farbe und Gel mischen, um einen stark strukturierten Farbauftrag zu erhalten.

Strukturpasten eignen sich auch, wenn man auf einem collageartigen Untergrund arbeiten möchte, da diese das aufgeklebte Material mit dem Trägermaterial verbindet und der zu bemalende Untergrund relativ homogen erscheint. Aufgetragen wird das Material entweder mit einem Spachtel oder mit einem festen Pinsel, z.B. einem Borstenpinsel. Mit der Spachtel lässt sich die Paste sehr glatt aufbringen, mit dem Borstenpinsel können gröbere Strukturen gearbeitet werden. Beim Verarbeiten von Grundierung und Strukturpaste sollten Sie immer die Verarbeitungshinweise der jeweiligen Hersteller beachten.

Malmittel, Schlussfirnis und Lacke

Malmittel sind Stoffe, die den Farben während des Malens zugesetzt werden, um z.B. den Farben mehr Leuchtkraft und Brillanz zu verleihen. Darüber hinaus sind Malmittel erhältlich, die die Haftfähigkeit der Farben auf glatten Untergründen verstärken und bei einer extremen Lasurtechnik zu einer Bindemittelanreicherung führen. Solche Malmittel sind oftmals auch als Schlusslasur einsetzbar. Auch hier sollten Sie die Anweisung des jeweiligen Herstellers beachten. Ein wichtiges Malmittel ist der Trocknungsverzögerer. Bei der schnell trocknenden Acrylfarbe bleibt diese länger in einem feuchten Zustand, wenn man den so genannten Retarder der Farbe beimischt.

Firnisse und Lacke dienen dazu, das fertige Bild zu schützen und diesem einen leichten Glanz und der Farbe eine größere Leuchtkraft zu verleihen. Man unterscheidet zwischen matten und glänzenden Schutzanstrichen. Verwendet man zum Beispiel einen glänzenden Lack bei pastos aufgetragenen Farben, so erhält man den Charakter eines Ölgemäldes. Der Mattlack verändert den vorhandenen Farbeindruck kaum, vielmehr gewährt er einen guten Schutz. Fixative und Lacke können mit einem Pinsel oder einer Walze aufgetragen werden. Sie sind aber auch in Spraydosen erhältlich.

Pinsel

Je nachdem, welche Technik man mit Acrylfarben arbeiten möchte, sollte man auf unterschiedliche Pinselqualitäten und -größen zurückgreifen können. Im Fachhandel werden spezielle Acrylmalereipinsel angeboten. Dabei handelt es sich um relativ robuste Pinsel aus Synthetikhaaren. Synthetikpinsel gewährleisten eine hohe Farbaufnahmefähigkeit und Langlebigkeit, gerade auch bei den etwas aggressiven Acrylfarben. Allerdings kann man auch bei entsprechender Pflege hochwertige Rotmarderpinsel verwenden. Hier ist zu beachten, dass man die Pinsel nach dem Malen immer gründlich auswäscht. Verwenden Sie zur Reinigung warmes Wasser und etwas Seife oder Shampoo; wenn die Farbe erst einmal getrocknet ist, helfen nur noch Spezialreiniger.

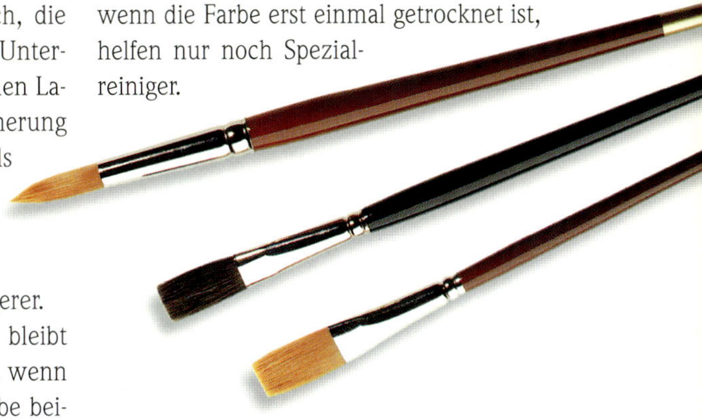

Die Pinselgröße richtet sich nach dem Bildformat und danach, wie fein man arbeiten möchte. Zu einem guten Pinselsortiment zählen zwei bis drei flache Borstenpinsel unterschiedlicher Breite und mehrere Rundpinsel, zum Beispiel ein feiner, etwa in Größe 4, ein etwas stärkerer in Größe 8 und ein Pinsel in der Größe 16 oder stärker. Für die Lasurtechnik empfehlen sich Haarpinsel mit weichem Haar, bei einem pastosen Farbauftrag sollten Sie runde oder flache Pinsel mit einem kräftigen Haar oder Borstenpinsel verwenden.

Weitere Hilfsmittel

Ein wichtiges Hilfsmittel für das Malen mit Acrylfarben ist die Mischpalette. Es gibt Papierpaletten mit abreißbaren Transparentbögen und Paletten aus Plastik, Keramik oder Metall mit kleinen Vertiefungen zum Anmischen der Farben. Will man sehr große Flächen in einer Farbe arbeiten, sollte man auf verschraubbare Behälter zurückgreifen. Schließen diese dicht, so ist es auch möglich, die angemischte Farbe über einen längeren Zeitraum hinweg aufzubewahren. Natürlich können Sie auch ausgediente weiße Teller, Glasplatten oder weiße Pappteller als Mischpalette benutzen.

Weiterhin benötigen Sie zum Malen zwei bis drei große Wasserbehälter und zum Säubern und Abtupfen der Pinsel saugfähige alte Baumwolllappen oder Küchenkrepp. Arbeitet man auf einem stabilen Untergrund, wie zum Beispiel einer Leinwand, so ist es von Vorteil, wenn man eine Staffelei zur Verfügung hat. Aquarellkarton sollten Sie mit Klebeband auf eine stabile Pressspanplatte spannen, sodass Sie eine feste Unterlage erhalten.

Der Malgrund

Acrylfarben lassen sich auf zahlreiche unterschiedliche Malgründe wie Papier, Leinwand und Putz, Beton, Hartfaserplatte, Metall und sogar Glas und Porzellan aufbringen. Je nach Art des Materials muss vorher eine Grundierung aufgetragen werden. Die guten Witterungs- und Lichtechtheitswerte lassen auch Einsätze im Außenbereich zu, doch ist hier zu beachten, dass der Untergrund entsprechend vorbehandelt werden muss.

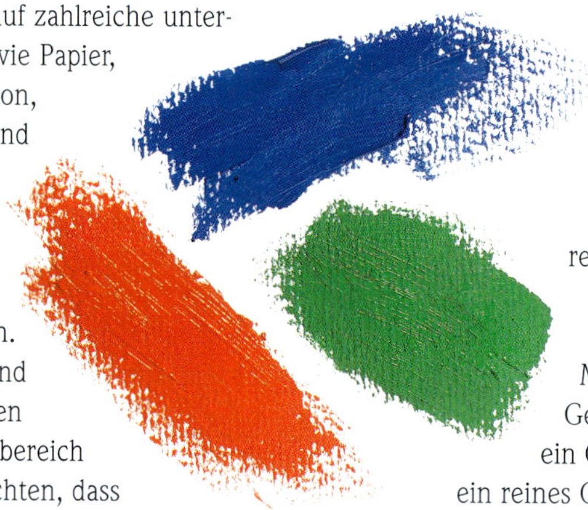

Zum Testen des Farbmaterials eignet sich ein etwas festeres Aquarellpapier, auf dem sich alle Mischtechniken gut veranschaulichen lassen. Durch die hohe Elastizität der Farben kann man den bemalten Aquarellkarton nach Fertigstellung des Bildes auch eng zusammenrollen. Am einfachsten sind Malblöcke, bei denen das Blatt ringsum festgeleimt ist. Für die Lasurtechnik ist es empfehlenswert, Aquarellpapier bzw. Ingres-Papier aufzuspannen. Dafür benötigen Sie eine Sperrholzplatte oder eine ähnliche Platte, auf der Sie das zuvor für wenige Minuten ins kalte Wasser gelegte Papier mit Nassklebestreifen befestigen. Beim Trocknen zieht sich das Papier straff zusammen und das zuvor gewellte Papier wird wieder glatt.

Ein weiterer sehr guter Untergrund für die Acrylmalerei ist, gerade bei sehr großen Bildern, eine Leinwand. Bespannte Leinwände gibt es im Fachhandel, diese sind meist schon grundiert und für den Laien und Anfänger sehr einfach zu handhaben.

Das Mischen von Farben

Wie bereits angesprochen, können mit den Farben Gelb, Rot, Blau, Weiß und Schwarz alle erforderlichen Farbtöne und -nuancen gemischt werden. Den richtigen Umgang mit den Farben erlangt man, wenn man weiß, wie sich einzelne Farben zusammensetzen. Die Farben lassen sich in reine, hellklare, dunkelklare und trübe Farben einteilen. Mischt man aus einem Gelb- und einem Rotton ein Orange, so erhält man ein reines Orange, das wiederum je nach Gewichtung ein Gelb- oder Rotorange sein kann. Hellt man eine reine Farbe mit Weiß auf, so ergibt sich eine hellklare Farbe. Dunkelt man eine reine Farbe mit Schwarz ab, so erhält man eine dunkelklare Farbe.

Mischt man Komplementärfarben, also Farben, die sich im Farbkreis gegenüber liegen, wie zum Beispiel Gelb und Violett oder Rot und Grün, so ergibt sich eine trübe Farbe. Diese wenigen Beispiele zeigen bereits, wie umfangreich die Farbpalette werden kann, wenn man einzelne Farben miteinander mischt.

Mischt man alle Farben selbst, so ist es wichtig, dass man diese so aufbewahrt, dass sie nicht eintrocknen können, da Acrylfarben relativ schnelltrocknende Farben sind, die auch nicht mehr angelöst werden können.

Schritt für Schritt zum fertigen Bild

Architektonische Landschaft (Lasurtechnik)

Bei der Lasurtechnik wird die Acrylfarbe nicht deckend aufgetragen, sondern durchscheinend, das heißt, es wird mit relativ viel Wasser gemalt. Für diese Arbeitsweise benötigen Sie ein gut saugendes Aquarellpapier, das Sie auf eine plane, nicht saugende feste Unterlage aufspannen.

Benötigtes Material: Saugfähiges Aquarellpapier (Ingres-Papier), eine plane, nicht saugende feste Unterlage (z.B. eine Sperrholzplatte), weiche, voluminöse Pinsel, Bleistift, Härtegrad 2 B oder weicher, Acrylfarben in Kobaltviolett, Permanentblau, Kadmiumgelb, Lichter Ocker, Ultramarinblau, Kobalttürkis, Siena gebrannt, Echtrosa, Chromgelb, Siena Natur, Kadmiumrot und Cölinblau.

Erster Schritt

Fixieren Sie den angefeuchteten Aquarellbogen mit Klebeband auf einer sauberen Pressspanplatte und lassen Sie das Papier trocknen. Wählen Sie aus Ihrem Skizzenfundus passende architektonische Motive aus und übertragen Sie diese vorsichtig mit einem weichen Bleistift auf den Aquarellkarton. Die Motive sollen so angeordnet werden, dass sich Überschneidungen und Überlagerungen einzelner Bildteile ergeben. In unserem Bildbeispiel habe ich architektonische Teile unterschiedlicher Stilrichtungen zusammengestellt, wobei diagonale Linien Säulen und Fenster überlagern. Bei der Lasurtechnik sollte man auf das Radieren möglichst verzichten, da hierbei der Untergrund beschädigt werden könnte.

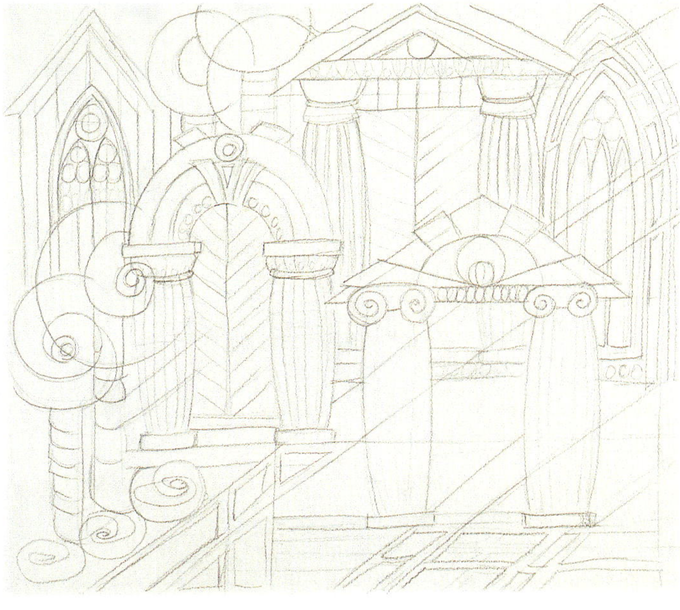

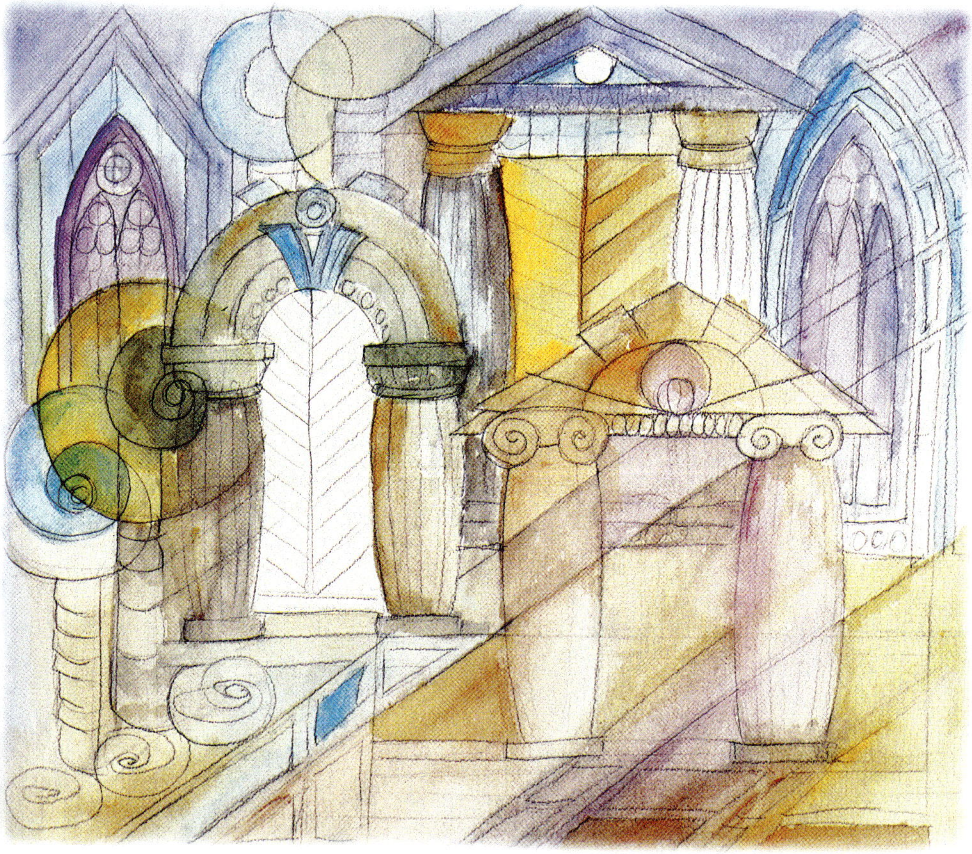

Zweiter Schritt

Nachdem Sie die Bleistiftskizze, die zu diesem Zeitpunkt noch nicht ganz vollständig sein muss, aufgetragen haben, können Sie mit der farbigen Ausgestaltung beginnen. Zuerst wird die farbliche Grundtendenz festgelegt, sie ist jedoch noch nicht endgültig, da durch das Überlagern verschiedener Farben neue Mischungen entstehen.

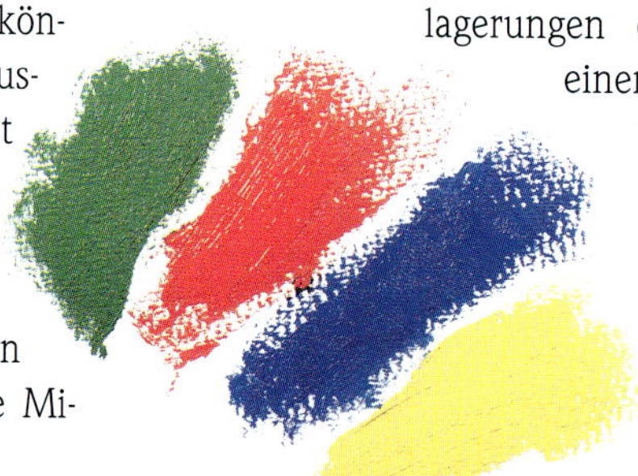

Die einzelnen Flächen müssen nicht monochrom angelegt werden, sie können auch im aquarellistischen Stil von einem Farbton in den anderen übergehen.

Für den ersten Schritt sollte man möglichst klare Farben verwenden, da es durch die Überlagerungen einzelner Farben später zu einer gewissen Trübung kommt. Wird ein Rotton zum Beispiel durch ein Grün überlagert, so entsteht ein Braun. Bei diesem Schritt wurden erst Kobaltblau, Permanentblau, Kadmiumgelb und Lichter Ocker lasierend, das heißt stark verdünnt aufgetragen.

Bei der Lasurtechnik ersetzt das Wasser die Farbe Weiß. Je stärker Sie eine Farbe verwässern, umso heller und transparenter wird sie.

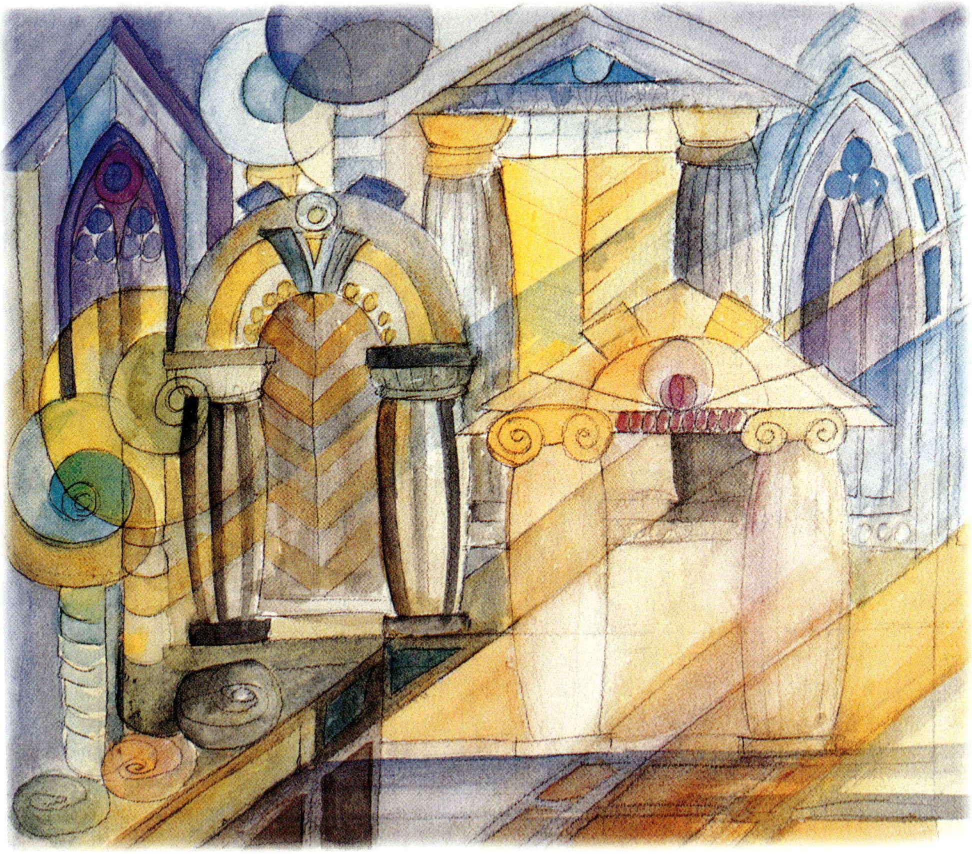

Dritter Schritt

Ist die erste Farbschicht getrocknet, kann mit dem Auftrag der zweiten Schicht begonnen werden. Hier zeigt sich der Vorteil der Acrylfarben, denn die Konturen der ersten Farbschicht bleiben klar erhalten und es lösen sich keine Farbpartikel mit an. Wird nun zum Beispiel die blaue Spirale von der gelben überlagert, so zeigt sich die Farbe im Überschneidungsbereich grün. Je nachdem, wie stark die sich überlagernden Flächen kontrastieren, verändert sich eine Farbe mehr oder weniger stark.

Als Farben wurden hier vornehmlich Ultramarinblau, Kobaltblau, Siena gebrannt und Echtrosa verwendet. Da die Bleistiftlinien lediglich als Gerüst gedacht sind, können in diesem Stadium auch nicht skizzierte Formen und Strukturen aufgebracht werden.

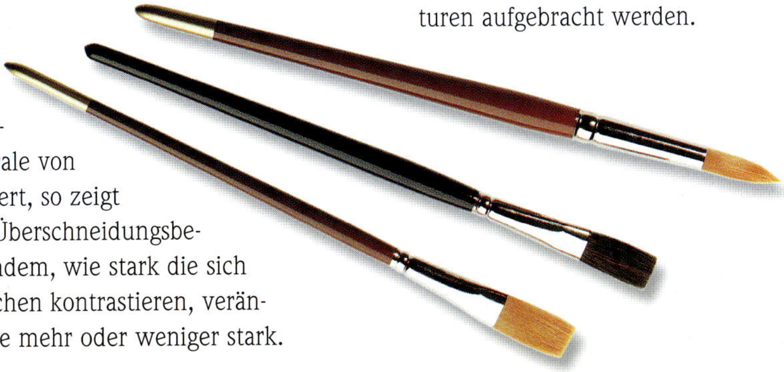

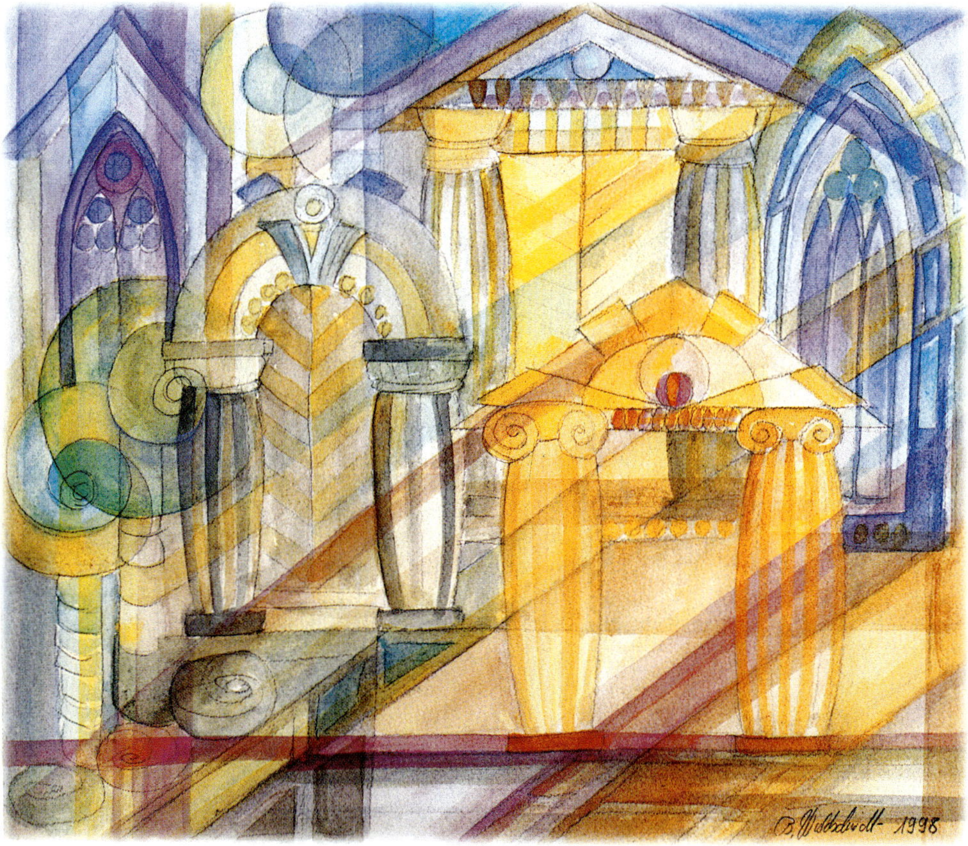

Vierter Schritt

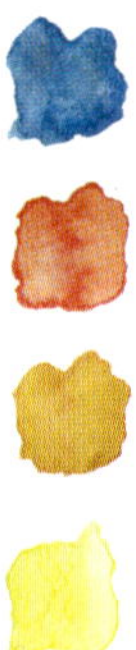

Für den letzten Schritt wurden mit Chromgelb, Siena Natur, Kadmiumrot und Cölinblau die Formen und Strukturen der Architekturelemente ausgearbeitet. Wie viele Farbschichten Sie übereinander malen, bleibt ganz Ihnen überlassen. Der Reiz der Lasurtechnik liegt darin, dass Flächen aus mehreren Farbschichten neben solchen mit nur einem Farbauftrag stehen, sodass sich eine Form vor die andere zu schieben scheint. War das Bild nach der ersten Arbeitsstufe noch sehr hell, so wird der Farbton nun von Überlagerung zu Überlagerung immer satter und dunkler. Dies ergibt sich durch die zunehmende Pigmentanreicherung auf einer Fläche. In unserem Bildbeispiel fallen diagonal verlaufende Streifen wie Lichtbänder über das Bild und es entstehen Raster und Streifen. Wie stark dieser Effekt zum Tragen kommt, sollte sich aus der Bildidee ergeben. Der Effekt der Überlagerung von Farbpartien kann schwächer oder stärker angelegt werden. Zu grell geratene Farben können durch einen zarten Grauschleier oder durch den Auftrag einer stark verwässerten Komplementärfarbe gedämpft werden.

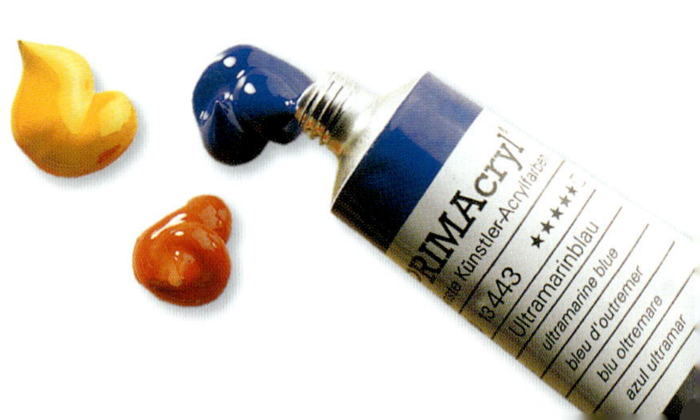

Naives Schlösschen (Der plakative Farbauftrag)

Bei dem plakativen, deckenden Farbauftrag lassen sich zwei Arbeitsweisen unterscheiden. In unserem Bildbeispiel werden beide Möglichkeiten, der klar abgegrenzte Farbauftrag und der verwischte Farbauftrag, gezeigt. Dieses naive Bildmotiv eignet sich besonders gut zur Veranschaulichung der plakativen Technik.

Benötigtes Material: Fester Aquarellkarton oder aufgespanntes Ingres-Papier, eine feste Unterlage, Haar- und Borstenpinsel in verschiedenen Stärken, Bleistift, Härtegrad 2B oder weicher, Acrylfarben in Ultramarinblau, Cölinblau, Permanentblau, Kobaltviolett, Olivgrün, Kadmiumgelb, Goldocker, Siena gebrannt, Zinnoberrot, Echtrosa, Echtviolett, Kobalttürkis, Permanentgrün, Chromgelb, Zitronengelb, Lichter Ocker, Grüne Erde und Goldgrün, schwarze flüssige Acrylfarbe, Silberlackstift, Silber- und Goldpaste, transparente Strukturpaste.

Erster Schritt

Die erste Arbeitsstufe besteht auch bei diesem Bild im Skizzieren. Kleben Sie den Aquarellkarton oder das feuchte Ingres-Papier auf eine Pressspanplatte und zeichnen Sie mit einem weichen Bleistift das grobe Liniengerüst auf das Papier. Führen Sie den Bleistift in großzügigen und schwungvollen Linien über den Aquarellkarton. Bei diesem Motiv müssen noch nicht alle Flächen und Linien berücksichtigt werden, kleinere Details können zu einem späteren Zeitpunkt nachskizziert werden.

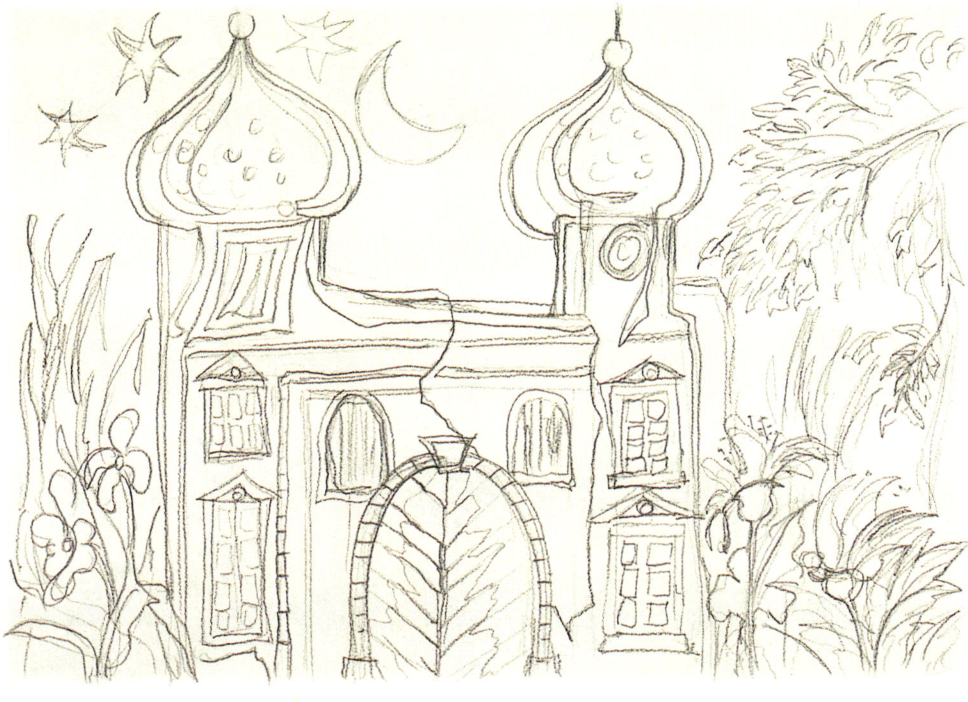

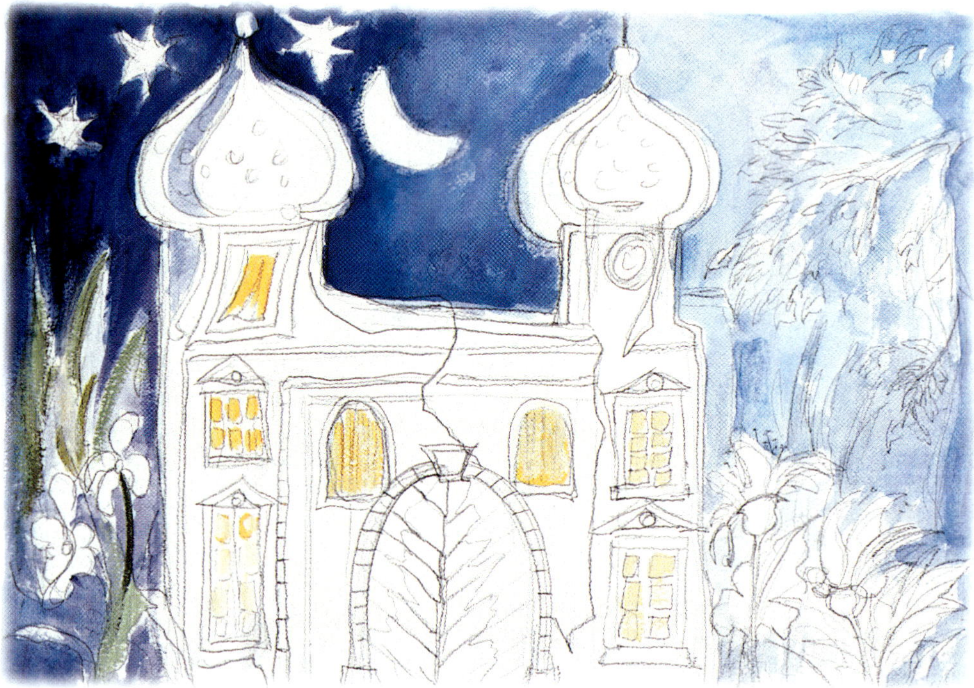

Zweiter Schritt

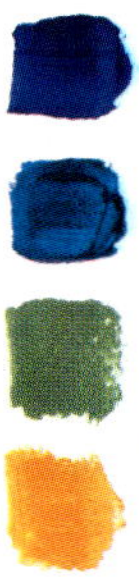

Im zweiten Schritt wird der Hintergrund angelegt, sodass sich das eigentliche Motiv stärker hervorhebt. Die Farbe des Himmels ist nicht einheitlich gehalten, sondern wechselt in seiner Intensität und Färbung. In der linken oberen Ecke wurde die Farbe deckend in einem intensiven dunklen Blau angelegt. Dieses Blau wird nach unten hin etwas heller. Auch zur rechten Seite hin hellt das Blau sich auf und wechselt seine Ultramarinblaufärbung hin zu einem Türkisblau. Diese Wechsel vollziehen sich ohne klare Abgrenzung, der intensive Farbton wird etwas stärker verwässert und schlägt langsam in ein grünstichiges Blau um. Hier verschwimmen auch die Grenzen zwischen dem deckenden und dem lasierenden Farbauftrag. Anschließend werden die Fenster mit Lichtem Ocker ausgemalt.

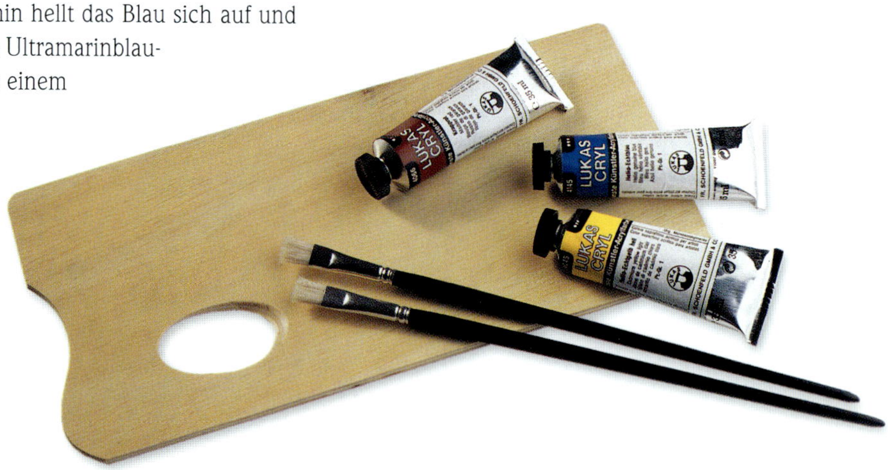

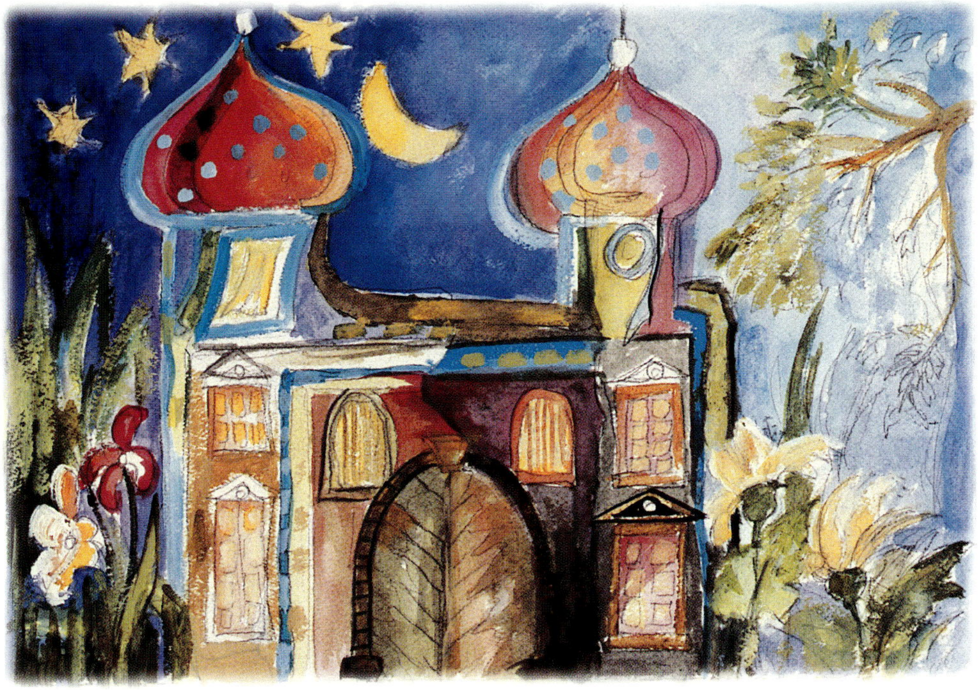

Dritter Schritt

Bei dem nächsten Schritt wird nun das Objekt, in unserem Fall das Phantasieschlösschen, ausgearbeitet.

Die Zwiebeltürme erhalten einen deckenden Rotanstrich mit Zinnoberrot und Echtrosa, wobei der Ton am Rand mit Gelb zu einem Orangeton vermischt wird.

Der Mond und die Sterne werden mit einem reinen Gelbton gemalt. Bei dem deckenden Anstrich wird deutlich weniger Wasser verwendet als bei der Lasurtechnik, doch mehr als beim ölmalereiartigen Anstrich.

Arbeiten Sie mit Acrylfarben immer zügig, da die Farben schnell trocknen. Eventuell können Sie einen Trocknungsverzögerer verwenden, jedoch ist dies eher bei größeren Bildformaten vonnöten.

In unserem Bildbeispiel wird die deckend aufgetragene Farbe zum Teil mit klarem Wasser in einen lasierenden Farbauftrag übergeführt. Die Farbübergänge werden durch Mischen zweier Farben erreicht, wobei möglichst keine Nahtstellen entstehen sollten. Diese Technik des Ineinanderarbeitens verhindert eine zu plakative Malweise, wie sie bei der naiven Malerei Anwendung findet.

Setzen Sie türkisfarbene Punkte auf die Türmchen, durch die starke Deckkraft der Farbe können diese auf die darunter liegende Rotorangefarbe gemalt werden.

Ebenso verhält es sich bei den Pflanzenstrukturen. Der gut deckende Grünton wird teilweise über Himmelflächen hinweggemalt, sodass keine Ansätze oder Trennlinien zu erkennen sind.

Besonders gut decken die mit Weiß angemischten Farben. Auf den transparenter wirkenden Himmel auf der rechten Bildhälfte wird das Laubwerk des Astes ebenfalls etwas lasierend angelegt.

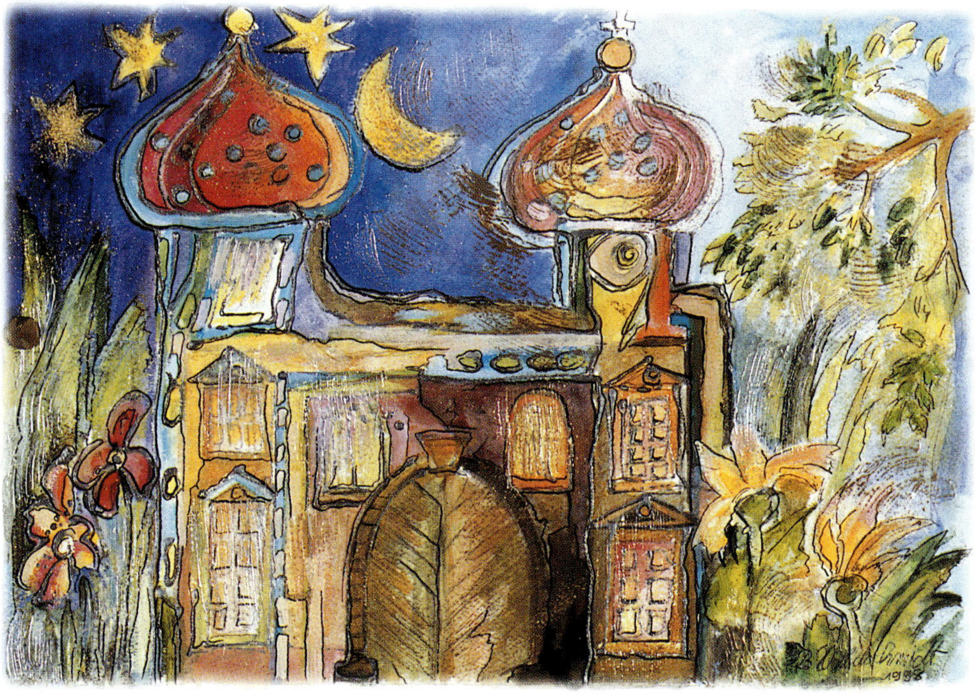

Vierter Schritt

In dem letzten Schritt werden die Details herausgearbeitet. Malen Sie Fenster und Türen gemäß der Abbildung und vollenden Sie den Zweig in der rechten Bildhälfte sowie die Blumen und Blätter, die um das Schloss gruppiert sind. Die türkisfarbenen Bänder werden durch einzelne Farbpunkte rhythmisiert. Die Konturen einzelner Bildteile werden hervorgehoben, indem mit silberner Acrylfarbe feine Linien um Flächen gezogen werden. Mit flüssiger schwarzer Acrylfarbe werden weitere Details konturiert. Dies kann mit einem feinen Pinsel oder auch einer Zeichenfeder, nachdem die Acrylfarbe getrocknet ist, erfolgen. Mittels eines harten Borstenpinsels und transparenter Strukturpaste werden verschiedene Flächen anschließend etwas unterstrichen und belebt. Die anfänglich sehr unscheinbaren Strukturen werden sichtbar, indem die Farbe so zart über diese Flächen gestrichen wird, dass sich nur die erhabenen Stellen anfärben und so feine Linien auf dem Bild entstehen. Nach Abschluss der Malarbeiten werden die in stark deckender Technik gearbeiteten Flächen mit einem Schlussfirnis überarbeitet, sodass diese Farben noch intensiver wirken.

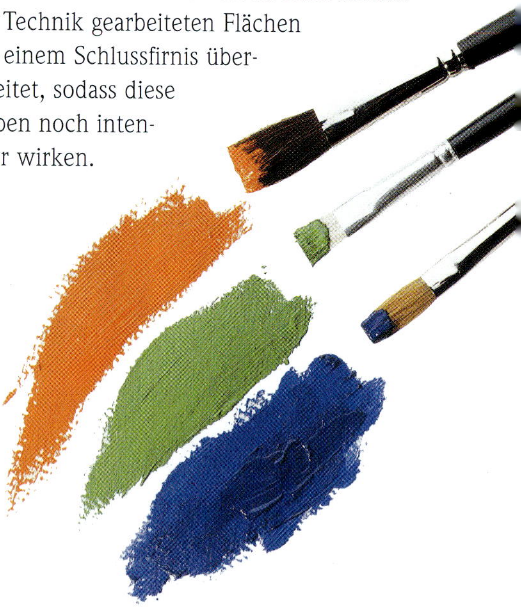

Maiskolben (Gegenständliches Malen mit Acrylfarben)

Die Acrylfarbe eignet sich nicht nur für frei umgesetzte Motive, die unserer Phantasie entspringen, sondern auch als Mittel der Dokumentation, also einer natürlichen Wiedergabe eines Objektes.
Unser Bildbeispiel stellt einen reifen Maiskolben dar, Sie können aber auch jedes andere Obst oder Gemüse als Vorlage verwenden.

Benötigtes Material: Saugfähiges Aquarellpapier (Ingres-Papier) oder ein festerer Aquarellkarton, eine plane, feste Unterlage (z. B. eine Sperrholzplatte), Rundpinsel in verschiedenen Größen, Bleistift, Härtegrad 2B oder weicher, Acrylfarben in Zitronengelb, Chromgelb, Lichter Ocker, Goldocker, Siena gebrannt, Umbra, Goldgrün, Cölinblau, Kadmiumgelb dunkel, Siena natur, Venetianischrot, Tannengrün, Kobalttürkis, Schwarz, Weiß, ein wenig weiße Strukturpaste, schwarze flüssige Acrylfarbe, Goldpaste und Silberpaste.

Erster Schritt

Beim gegenständlichen Malen ist eine gute detaillierte Bleistiftskizze von großem Nutzen. Fertigen Sie zuerst einige Skizzen und Zeichnungen auf einem einfachen weißen Papier oder Skizzenblock an. Bevor Sie die Zeichnung auf einen hochwertigen Aquarellkarton übertragen, sollten Sie die Formen und Proportionen richtig darstellen können. Wenn Sie die Zeichnung auf das Aquarellpapier übertragen haben, wird die Plastizität der Maiskolben mit variierender Bleistiftstrichstärke etwas herausgearbeitet. Durch den nachfolgenden Farbauftrag dürfen die Linien durchaus deutlich sichtbar sein, denn sie werden im letzten Arbeitsschritt übermalt. Eine Prägung in das Papier, bedingt durch einen zu harten Bleistift, sollte man jedoch vermeiden.

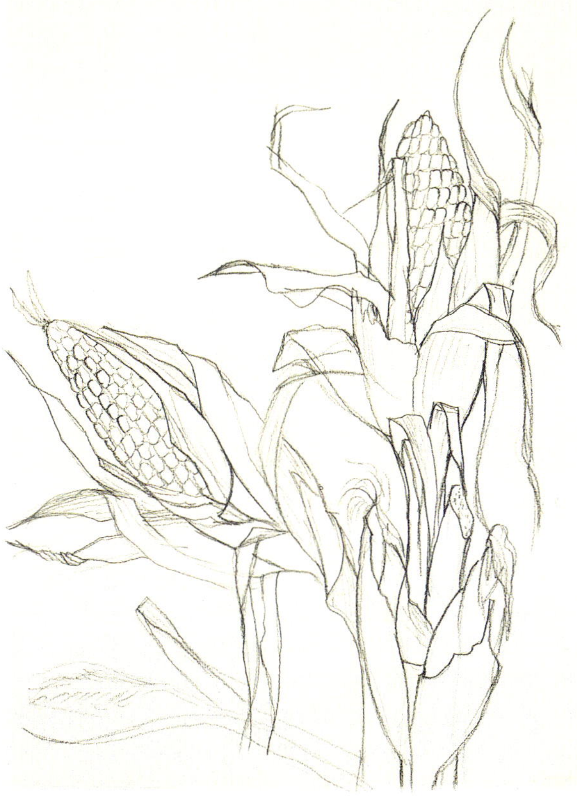

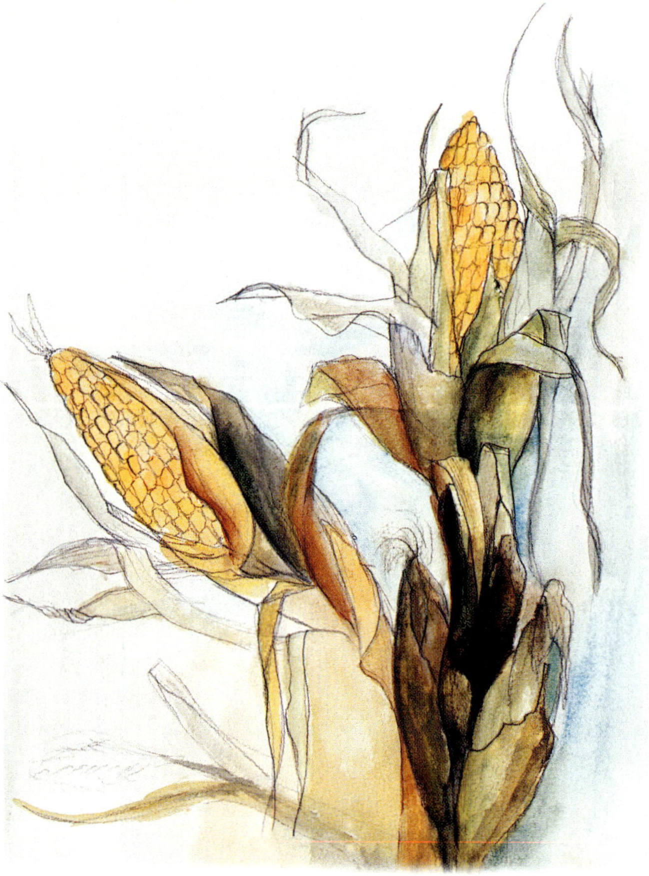

Zweiter Schritt

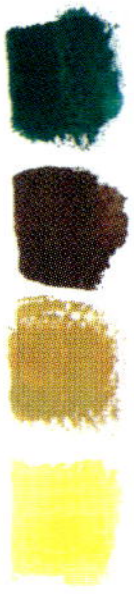

Der erste Farbauftrag muss zu diesem Zeitpunkt noch nicht deckend sein, vielmehr wird er als Farbskizze genutzt. Hierbei werden Helligkeiten, Dunkelheiten und Farbtendenzen grob festgelegt. Entsprechend unserer natürlichen Vorlage überwiegen die Farben Gelb, Ocker, Braun und Grün, als Hintergrundfarbe wird ein leichter Cölinblauton verwendet. Der Strunk, aus dem die Kolben herauswachsen, bildet einen dominanten, tragenden Punkt im Bild und wurde aus diesem Grund in dunklen Braun- und Ockertönen gehalten. Die Maiskolben selbst zeigen sich in einem warmen Gelbton und die sie umhüllenden Blätter wechseln bedingt durch die Reife ihr helles Grün hin zu einem dunklen Braun. Bereits bei dieser farblichen Vorstufe modelliert die Farbe das Objekt und lässt es plastisch erscheinen.

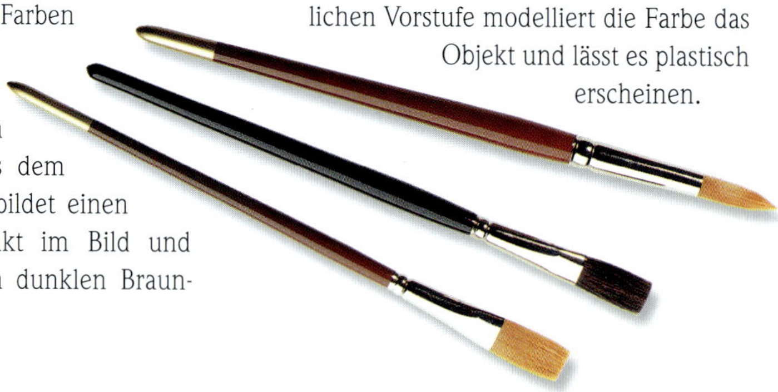

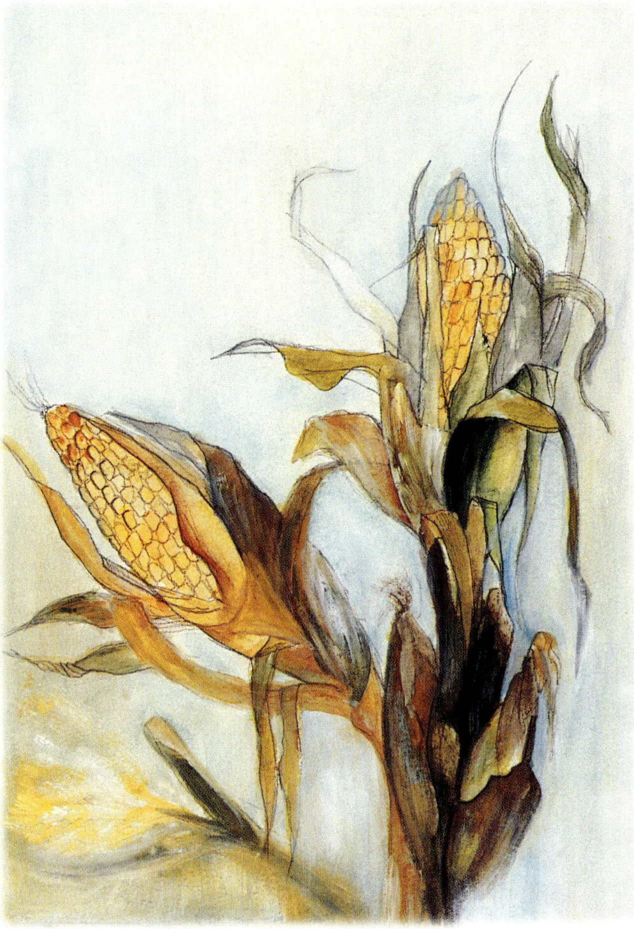

Dritter Schritt

Im dritten Schritt wird die Farbe nicht mehr so stark verwässert, sondern deckender aufgetragen. Hierbei ist eine schnelle Arbeitsweise sinnvoll, denn nur so kann man in die noch feuchte Farbe übergangslos eine andere Farbe malen. Durch das Ineinandermalen unterschiedlicher Farben und Helligkeitsnuancen wird das zu malende Objekt plastisch geformt. Um zu verhindern, dass die Maiskolben wie aufgesetzt wirken, ist es wichtig, den Hintergrund bereits jetzt mit anzulegen. Bei dieser exakten Darstellungsweise empfiehlt es sich, einen feineren Pinsel zu verwenden, denn mit ihm lassen sich Details besser ausarbeiten. Anders als bei der Lasurtechnik kann man bei der deckenden Arbeitsweise misslungene Bildpassagen mit der Grundierung korrigieren. Wenn Sie eine zu dunkel geratene Farbpartie verändern wollen, genügt oftmals schon ein stark verwässerter, milchiger Anstrich mit Grundierung. Über diesen kann man eine weitere zarte Farbe legen. Deckt man eine Farbe innerhalb eines Bildes völlig ab, so ist zu beachten, dass es zu keinen abgrenzenden harten Nahtstellen kommen sollte. Die neu zu gestaltende Fläche muss in das Gesamtbild eingepasst werden.

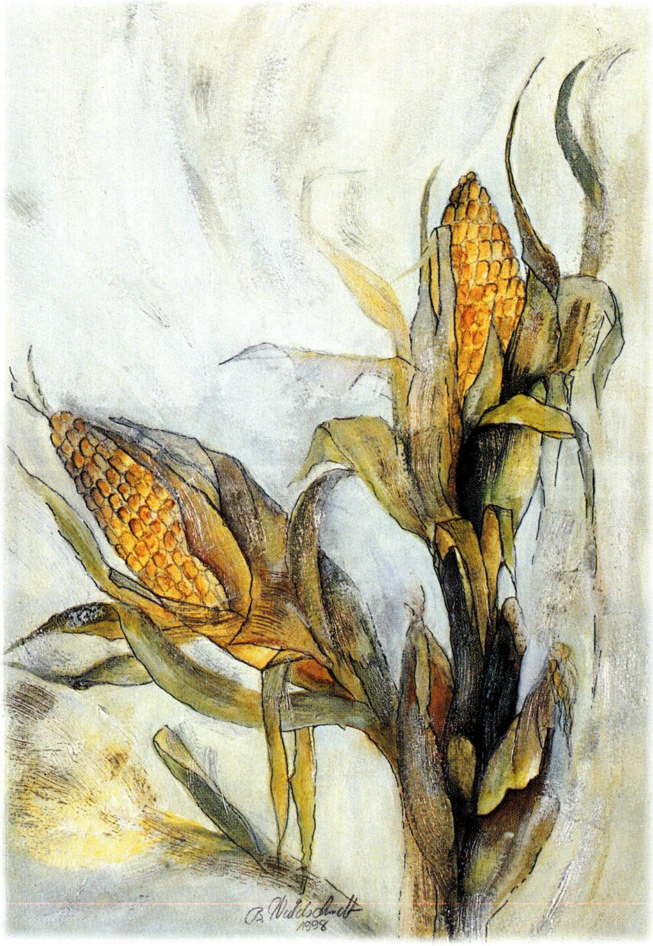

Vierter Schritt

Im letzten Arbeitsschritt werden die einzelnen Maiskörner durch verschiedene Hell-Dunkel-Werte stärker herausgearbeitet und gewinnen an Plastizität. Die geriffelte Blattstruktur wird mittels eines harten Borstenpinsels nachempfunden, indem die pastose Acrylfarbe aus der Tube mit einem schmalen Flachpinsel vorsichtig auf die bereits bemalte Fläche gestrichen wird. So entsteht eine feine, auch plastisch erhabene Linierung. Bei dieser Ausarbeitung ist zu beachten, dass die so aufgetragene Farbe entweder etwas dunkler oder etwas heller als die Untergrundfarbe ist. Die Ausarbeitung des Hintergrundes wird jetzt vollständig abgeschlossen. Die Bewegungen der Blätter setzen sich in zarten Farben auf dem Bildhintergrund fort. Stark verwässerte weiße und silberne Farbe wurde zum Teil so über Bildpassagen gelegt, dass man den Eindruck hat, als würden diese in einem leichten Nebel verschwinden. Feine Pinsel- und Federstrichlinien runden zuletzt das Gesamtbild ab. Als Schutz kann man zum Schluss einen matten Firnis über das Bild geben. Hier eignen sich Sprühdosen besonders gut, da so die Flächen gleichmäßig behandelt werden.

Menschenmenge (Der pastose Farbauftrag)

Das breit gefächerte Anwendungsgebiet der Acrylfarbe deckt auch Teile der ölmalereiartigen Darstellungstechniken ab. Um diesen Effekt erreichen zu können, ist es wichtig, dass man mit Tubenfarben arbeitet, die in ihrer Konsistenz zähflüssiger sind als die Farben aus den Gläsern. Bei der Pinselwahl können Sie sowohl festere Borstenpinsel als auch etwas weichere Pinsel verwenden, zudem eignen sich sowohl Rund- als auch Flachpinsel. Feinere Details lassen sich mit einem spitzen Rundpinsel besser darstellen, als mit einem Flachpinsel.

Benötigtes Material: Fester Aquarellkarton, eine plane, feste Unterlage, Pinsel in unterschiedlicher Form und Größe, Borstenpinsel, Bleistift, Härtegrad 2 B oder weicher, Acrylfarben in Permanentblau, Königsblau, Ultramarinblau, Zitronengelb, Kadmiumgelb, Kadmiumrot, Echtrosa, Weiß, Schwarz, Kobaltviolett, Chromoxidgrün, Tannengrün, Veronesergrün, Siena gebrannt, Ocker, Chromorange, Venetianischrot und Kobalttürkis.

Erster Schritt

Unser Bildmotiv stellt eine Menschenansammlung im Park dar. Erstellen Sie sich zuerst ein lineares Gerüst, an dem Sie die Menschen ausrichten können.

Die Bleistiftskizze ist so gehalten, dass die Menschen im Bildvordergrund konkreter und detaillierter ausgearbeitet sind und im Hintergrund eher schemenhaft und abstrahiert dargestellt werden, sodass nur noch die Konturen zu erkennen sind.

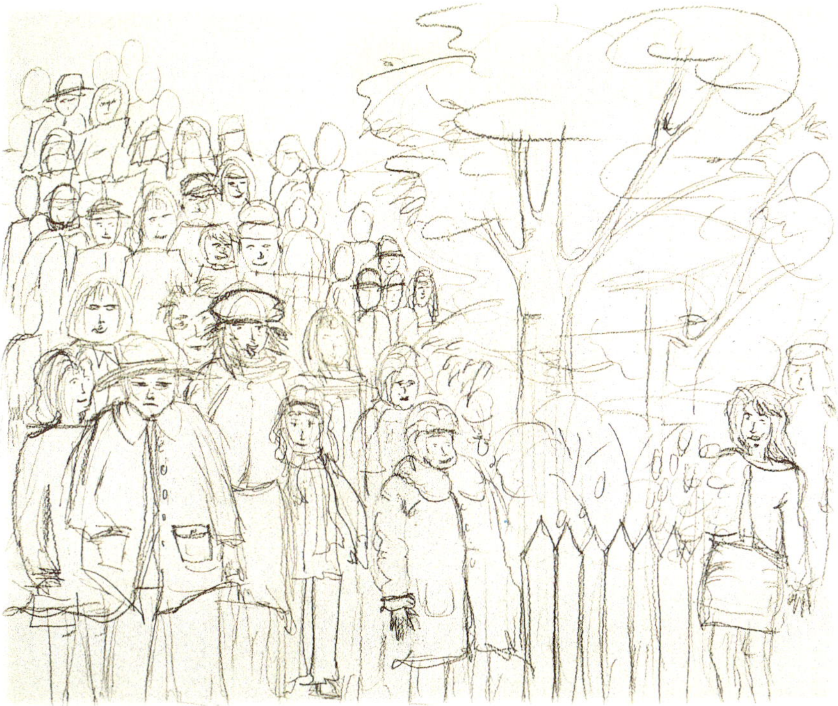

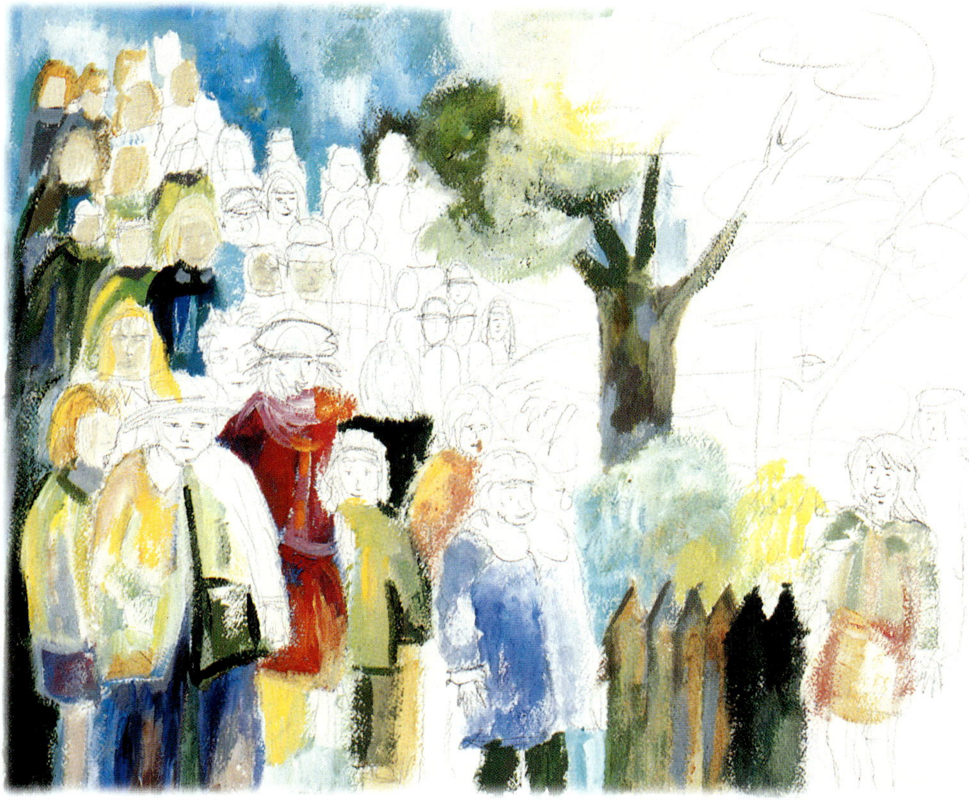

Zweiter Schritt

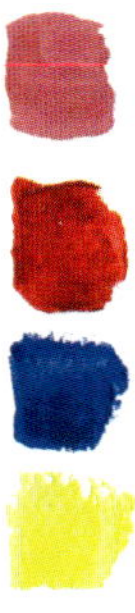

In einem zweiten Schritt wird mit dem Malen der Farbe begonnen. Da die Farbe sehr deckend verarbeitet wird und aus diesem Grunde auch immer wieder übermalt werden kann, muss keine bestimmte oder zwingende Reihenfolge der Farben eingehalten werden. Im Bildbeispiel wurde mit den drei farblich dominierenden Personen begonnen und diese in Gelbgrün, Rot und Blau angelegt. Für die im Bildhintergrund stehenden Personen wurde der schemenhafte Charakter der Bleistiftskizze fortgesetzt. Entscheidend ist bei dem Bildbeispiel nicht die realistische Darstellung der Menschenansammlung, sondern vielmehr die Farbigkeit, die sie verkörpert. Der Farbauftrag erfolgt sehr trocken, d.h., dass man die Farbe, so wie man sie aus der Tube drückt, auch verarbeiten kann. Die Farben können auf der Palette oder durch Ineinandermalen direkt auf dem Papier gemischt werden. Diese Technik ermöglicht einen recht spielerischen Umgang mit den Farben und führt zu interessanten Farbzusammenstellungen. Beispielsweise ist die Kleidung der einen Person nicht nur rot, sondern weist eine Vielzahl an variierenden Rottönen auf, vom Orangerot über Aubergine bis hin zu Rosa, die ineinander überzugehen scheinen. Auch wenn die Farben wechseln, so wirken sie trotzdem im Zusammenspiel sehr homogen.

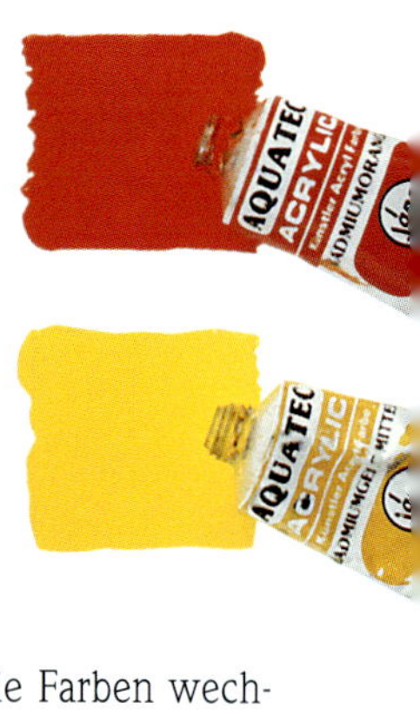

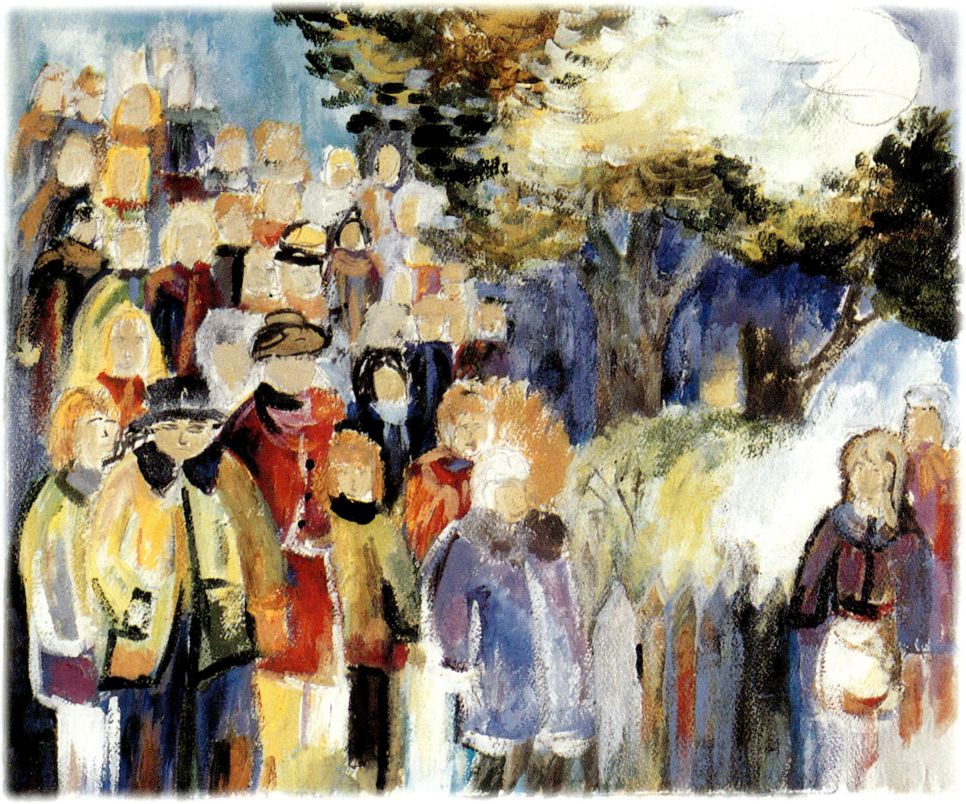

Dritter Schritt

Die nächste Darstellungsstufe vermittelt schon einen recht guten Eindruck vom fertigen Bild. Die Personen haben Form angenommen, schwarze und weiße Pinselstriche konturieren bereits einzelne Personen und auch die Köpfe der im Hintergrund stehenden Personen sind erkennbar. Desgleichen nehmen die Bäume Gestalt an, ihr Blattwerk setzt sich aus vielen einzelnen Farbpunkten unterschiedlicher Abstufung zusammen. Hier ist der Pinselstrich, bedingt durch den relativ trockenen Farbauftrag, sehr gut zu erkennen.

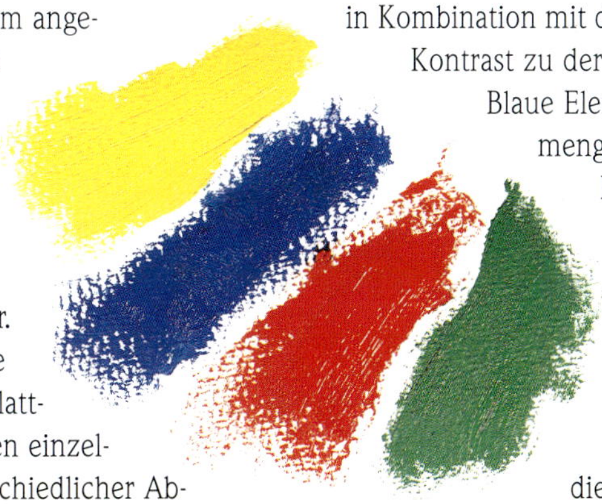

Parallel zum Blattwerk wurde auch der Himmel ausgearbeitet. Der relativ dunkle Himmel in Kombination mit den Bäumen bildet einen Kontrast zu der Menschenansammlung. Blaue Elemente in der Menschenmenge nehmen die Farbe des Himmels auf und stellen eine farbliche Verbindung her. Vergleichen wir Schritt zwei und drei miteinander, so ist deutlich erkennbar, dass im Zuge der Arbeit die eine oder andere Farbe wieder verändert wurde. Gut sichtbar ist dies am Zaun, der in der zweiten Abbildung zu dominant ausfiel.

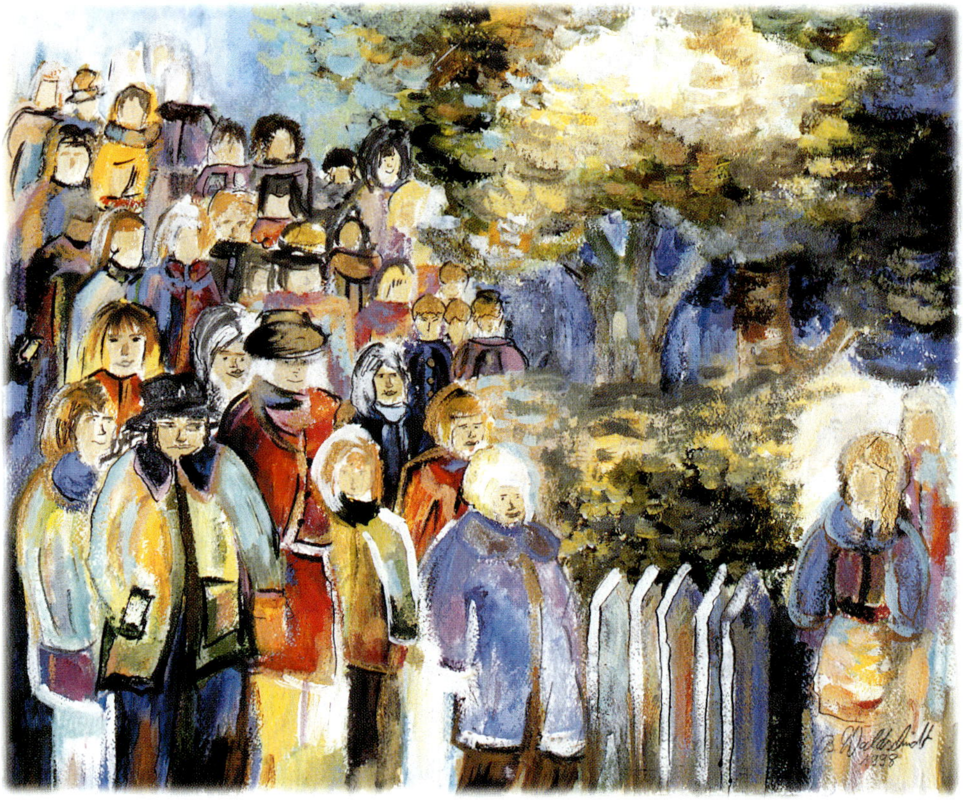

Vierter Schritt

Im letzten Schritt werden die Details ausgearbeitet. Die Gesichter werden schemenhaft belassen, jedoch werden die Menschen untereinander durch angedeutete Konturen und bewusst gesetzte Farbkontraste abgegrenzt. Verwendet werden hierfür vor allem kräftige Farben wie Ultramarinblau, Chromorange, Venetianischrot sowie Schwarz und Weiß. Der helle Punkt in der Baumkrone wurde bewusst als Lichtpunkt gesetzt und diese hellen Farben werden zum Teil in der Menschenmenge wieder aufgenommen. Locker geführte Pinselstriche lassen Köpfe und Umrisse erkennen, ohne zu sehr ins Detail zu gehen. Dieser sehr spielerische und experimentelle Umgang mit den Farben, bei dem übermalt werden kann und darf, stellt eine gute Möglichkeit dar, die Wirkung der Farben besser kennenzulernen und einzuschätzen. Sicherlich könnte man die einzelnen Personen noch stärker hervorheben und exakter darstellen, doch gerade dieser vage Eindruck einer Menschenansammlung macht den Reiz der Arbeit aus. Eine abschließende Behandlung des fertigen Bildes ist nicht erforderlich, kann aber erfolgen. Der Charakter der ölmalereiartigen Darstellungstechnik kann durch einen glänzenden Lackanstrich noch mehr hervorgehoben werden.

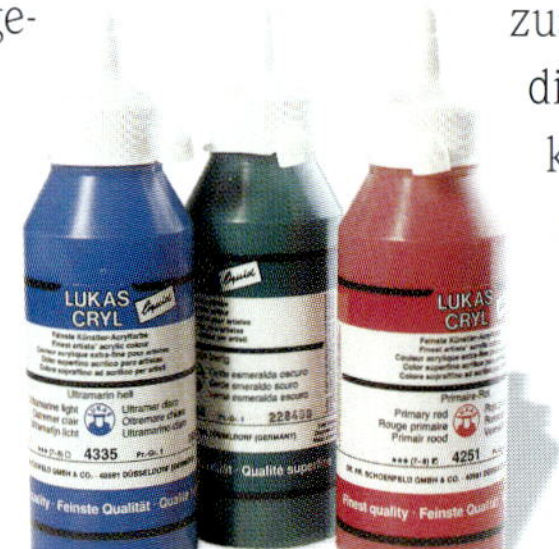

Blumenstillleben
(Das deckende Malen mit Strukturpaste)

Eine große Bereicherung innerhalb der Acrylmalerei stellen die unterschiedlichen Strukturpasten dar. Auch wenn man die Farbe im ölmalereiartigen Stil aufträgt oder sie auf den Bildträger spachtelt, erlangt sie doch nicht so viel Plastizität wie beim Arbeiten mit Strukturpaste. Bei unserem Bildbeispiel der Sommerblumen wurde erst mit Farbe, dann mit Strukturpaste und schließlich wieder mit Farbe gearbeitet.

Benötigtes Material: Fester Aquarellkarton, eine plane, feste Unterlage, Pinsel in unterschiedlicher Form und Größe, Spachtel, Bleistift, Härtegrad 2 B oder weicher, Acrylfarben in Permanentblau, Türkis, Echtrosa, Kadmiumrot, Kadmiumgelb, Kadmiumgelb dunkel, Veronesergrün, Weiß, Kobaltviolett, Königsblau, Tannengrün, Zitronengelb, Zinnoberrot dunkel, Kadmiumgelb orange, Ultramarinblau, Echtpurpur, Goldgrün, schwarze flüssige Acrylfarbe, etwas weiße Strukturpaste, Goldpaste, Silberpaste und Klarlack.

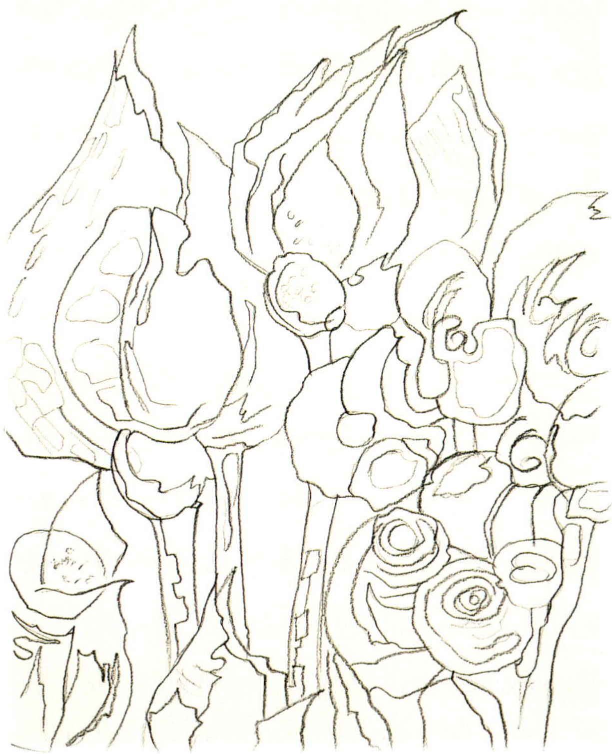

Erster Schritt

Auch bei diesem Bild wird am Anfang eine Bleistiftskizze angefertigt. Da bei dieser Technik vom lasierenden bis hin zum deckenden Farbauftrag jede Art des Malens denkbar ist, sollte man einen weichen Bleistift, der keine Rillen in den Bildträger prägt, verwenden. Nicht jedes Detail muss bereits in dieser Skizze festgehalten werden, die Skizze sollte vielmehr als Gerüst dienen und kann durch viele Kleinigkeiten ergänzt und verändert werden.

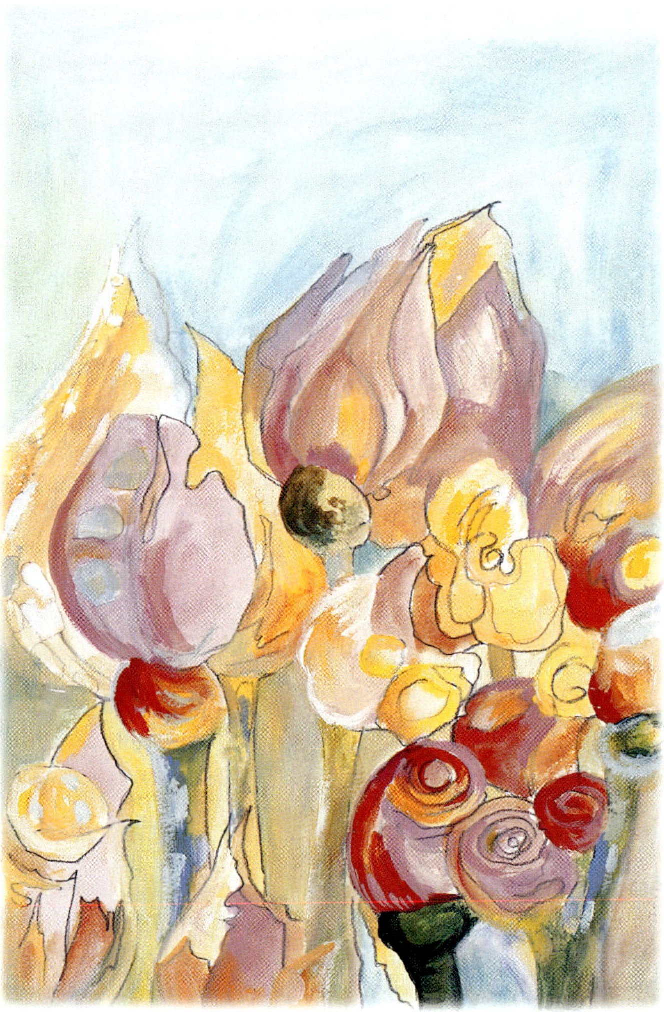

Zweiter Schritt

Bei dem zweiten Schritt wird die Farbaufteilung grob festgelegt. Der Farbauftrag erfolgt zum Teil deckend, aber auch ein lasierender Farbauftrag, gerade im Hintergrundbereich, wird angewendet. Der Einsatz des kräftigeren Rottons markiert bereits farbliche Schwerpunkte, aber auch helle Gelb-, Orange-, Rosa- und Blautöne werden eingesetzt. Die Übergänge werden dort, wo die Farbe eine Form begrenzt, deutlich abgesetzt, es steht also Farbe neben Farbe und an den Farbwechseln innerhalb einer Fläche werden die einzelnen Töne ineinander gearbeitet.

Je nach Konsistenz der Farbe kann dieses Ineinanderarbeiten der Farben deutlich sichtbar sein, zum Beispiel durch Pinselschlieren. Doch auch ein weicher verschwommener Farbwechsel ist möglich. Eine gewisse Plastizität wird dadurch erreicht, dass man auf eine Seite der zu begrenzenden Form einen dunkleren Farbton setzt und auf der anderen Seite einen helleren. Diese Wirkung wird an den einzelnen Blüten sehr gut sichtbar.

Der spielerische Umgang mit den Farben steht bei dieser Stufe im Vordergrund, wichtig ist nicht so sehr die realistische Darstellungsweise, sondern vielmehr die kreative Umsetzung.

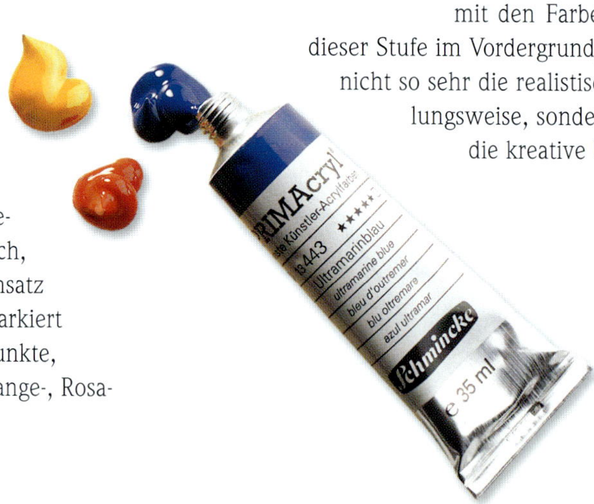

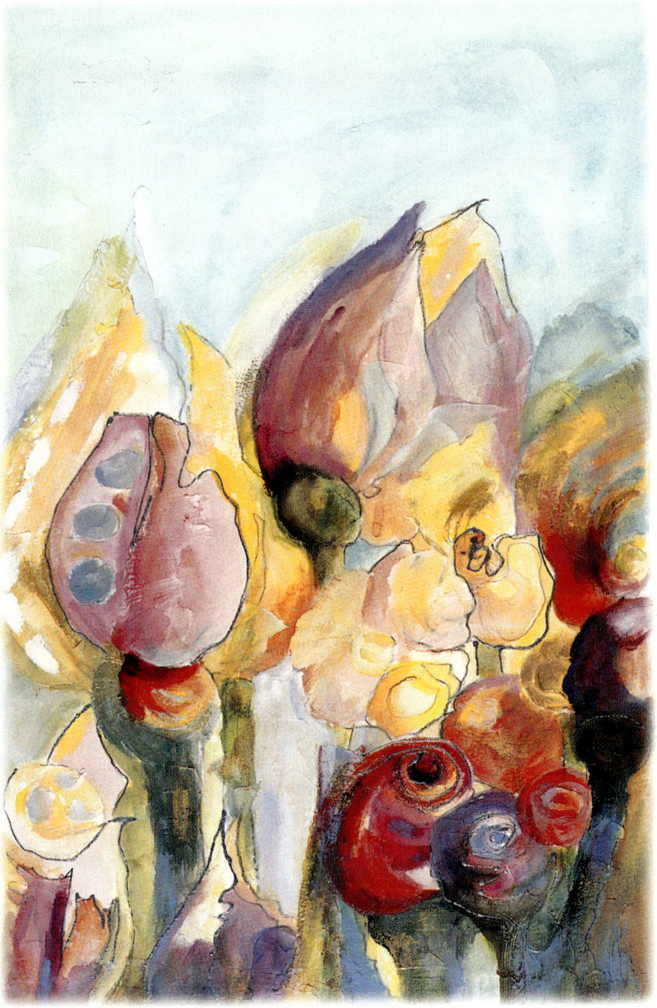

oben gezogenen Abrisskante möglich. Außerdem lassen sich Formen, wie in unserem Beispiel Blütenblätter, plastisch nacharbeiten und so eine Reliefstruktur erarbeiten. Eine geriffelte unregelmäßige Oberfläche erhält man, wenn mit einem festen Borstenpinsel gearbeitet wird. Glatte, aufgespachtelte Flächen lassen sich im noch feuchten Zustand mit einem Borstenpinsel passagenweise oder auch vollständig strukturieren. Da die Strukturpaste auf das Farbmaterial abgestimmt ist, lassen sich beide Komponenten auch sehr gut mischen und demnach in einem Arbeitsschritt auftragen. Möchte man zum Beispiel über eine bestimmte Untergrundfarbe eine Struktur legen, wobei diese Untergrundfarbe an ihren sichtbaren Stellen nicht verändert werden soll, so arbeitet man mit eingefärbter Paste. Nach dem Trocknen, dick aufgetragen kann dieser Prozess etwas dauern, lässt sich die leicht poröse Strukturpaste sehr gut bemalen. In unserem Bildbeispiel wurde die Farbe sowohl über den Untergrund als auch über die Struktur hinweggezogen, sodass die Farbe ein verbindendes Element darstellt. Die Reihenfolge des Auftrags von Farbe, Struktur, Farbe kann öfter wiederholt werden, sodass vorhandene Strukturen durch andere überlagert werden.

Dritter Schritt

In einem nächsten Schritt werden mit der Strukturpaste Formen und ihre plastische Wirkung stärker herausgearbeitet und Korrekturen vorgenommen. Die sehr leichte weiße Strukturpaste kann mit der Spachtel oder einem harten Borstenpinsel über bemalte Farbflächen hinweg aufgetragen werden. Mit der Spachtel lässt sich die Paste einerseits sehr glatt auftragen, sodass die darunter liegende Farbe noch durchscheint, andererseits ist auch ein dicker Strukturpastenauftrag mit wulstigen Rändern und einer nach

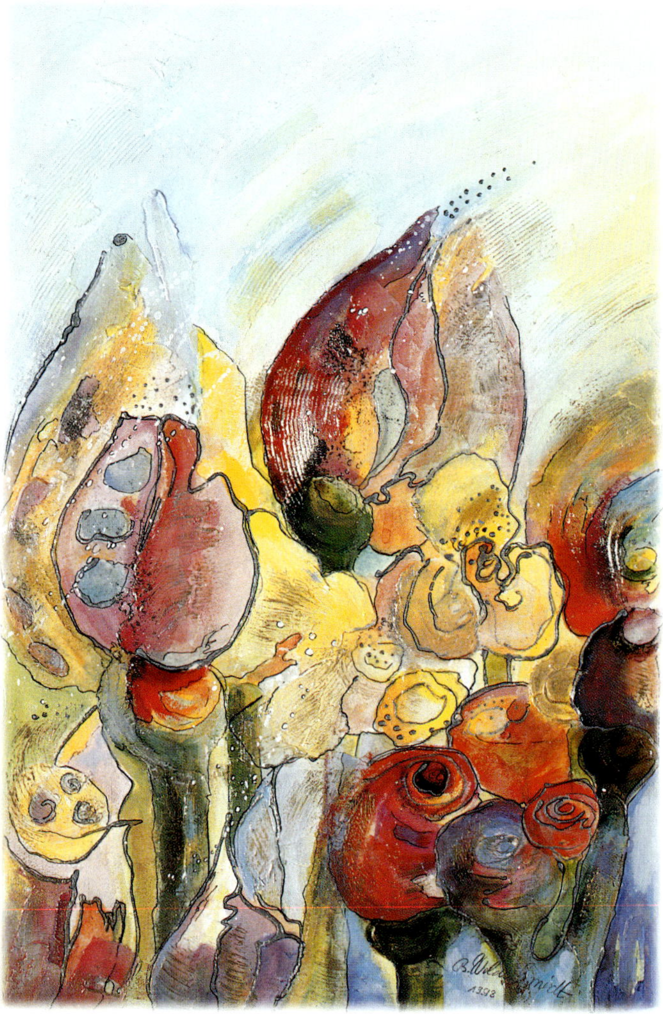

Vierter Schritt

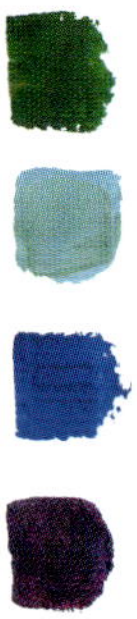

Bei unserer letzten Arbeitsstufe geben wir dem Bild den letzten Schliff. Verwendet werden hierfür sehr kräftige Farben wie Ultramarinblau, Türkis und Goldgrün. Einzelne Formen werden noch stärker durch Konturen herausgearbeitet und Farbpartien, die nur im Ansatz vorhanden sind, werden stärker konkretisiert. Bei unserem Bildbeispiel ist dies am Blütenblatt in der Mitte oben zu erkennen. Ein kräftiger Rotton und komplementär dazu der grüne Blütenboden in Kombination mit der geriffelten Struktur bilden einen Blickfang. Auch der Bereich rechts unten wird noch stärker in einer bläulichen, grünen Farbgebung gearbeitet. Um den Hintergrund besser in das Gesamtbild einbinden zu können, wird er durch Strukturen rhythmisiert. Geriffelte Strukturen nehmen die Form der einzelnen Blütenblätter auf und verstärken diese. Metallische Acrylfarben werden sparsam angewendet und setzen kleine Glanzpunkte, die durch die reliefartige Struktur einen besonderen Charakter entfalten. Flüssige schwarze Acrylfarbe konturiert wiederum die silbernen Linien und lässt sie dadurch stärker hervortreten. Der Kontrast zwischen konturierten Formen und solchen, die mit dem Untergrund oder anderen Formen verschmelzen, verleihen dem Bild Ausdrucksstärke. Noch mehr Leuchtkraft für einzelne Farben erzielt man durch eine passagenweise Überarbeitung mit glänzendem Schlussfirnis. So entsteht ein gewollter Kontrast zwischen matt kalkigen Flächen und glänzenden Partien.

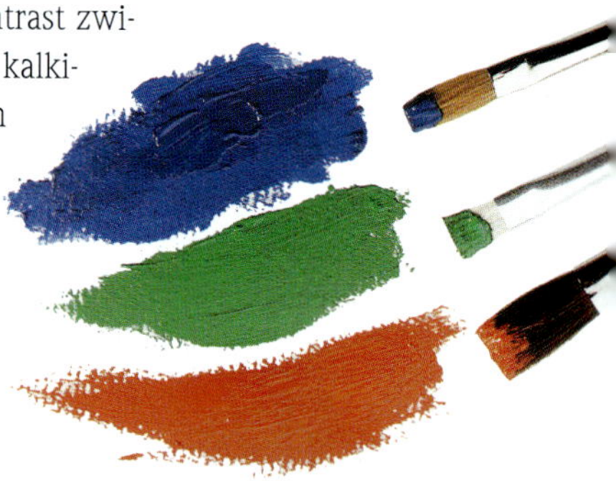

Blüten und Strukturen

(Das Arbeiten mit Strukturpaste als Hauptgestaltungsmittel)

Wurde die Strukturpaste bei der letzten Arbeit lediglich zur Untermalung und punktuellen Ausarbeitung angewendet, so soll sie bei dem folgenden Bild ein Hauptgestaltungsmittel darstellen. Hierbei steht weniger die Bildaussage im Vordergrund, vielmehr der handwerkliche Umgang mit den einzelnen Materialien.

Benötigtes Material: Fester Aquarellkarton oder Ingres-Papier, verschiedene Pinsel und Spachtel, Acrylfarben in Kadmiumgelb, Chromgelb, Zitronengelb, Königsblau, Echtpurpur, Kadmiumgelb dunkel, Goldgrün, Ultramarinblau, Zinnoberrot, Kadmiumorange, Goldocker, Olivgrün, Goldgrün, Permanentgrün, Weiß, schwarze flüssige Acrylfarbe, Klarlack, Goldpaste, weiße leichte Strukturpaste.

Erster Schritt

Da bei diesem Bild weniger das Motiv als eher der handwerkliche Umgang mit der Strukturpaste im Vordergrund steht, benötigen Sie keine Bleistiftskizze, sondern können gleich mit der Farbe beginnen. Bei diesem eher experimentellen Umgang mit dem Material gibt es keine genaue Reihenfolge, die es einzuhalten gilt.

Bei unserem Arbeitsbeispiel habe ich erst mit der Farbe begonnen. Der aufgespannte Aquarellkarton wurde durch einen horizontalen gelborangen Farbauftrag grundiert. Dies erfolgte zum Teil deckend und zum Teil lasierend. Es wurde auf einen klar abgegrenzten Farbwechsel verzichtet, sodass die einzelnen Farbtöne wie bei einem Aquarell ineinander laufen. Bevor Sie mit dem Auftrag der Strukturpaste beginnen, sollten der Aquarellkarton und somit die Farbe vollkommen trocken sein. Ist dies nicht der Fall, so vermischt sich die Grundierung mit der Strukturpaste, es können ungewollte Schlieren entstehen und unter Umständen wird die Strukturpaste durch eine wässrige Farbe zu stark verdünnt.

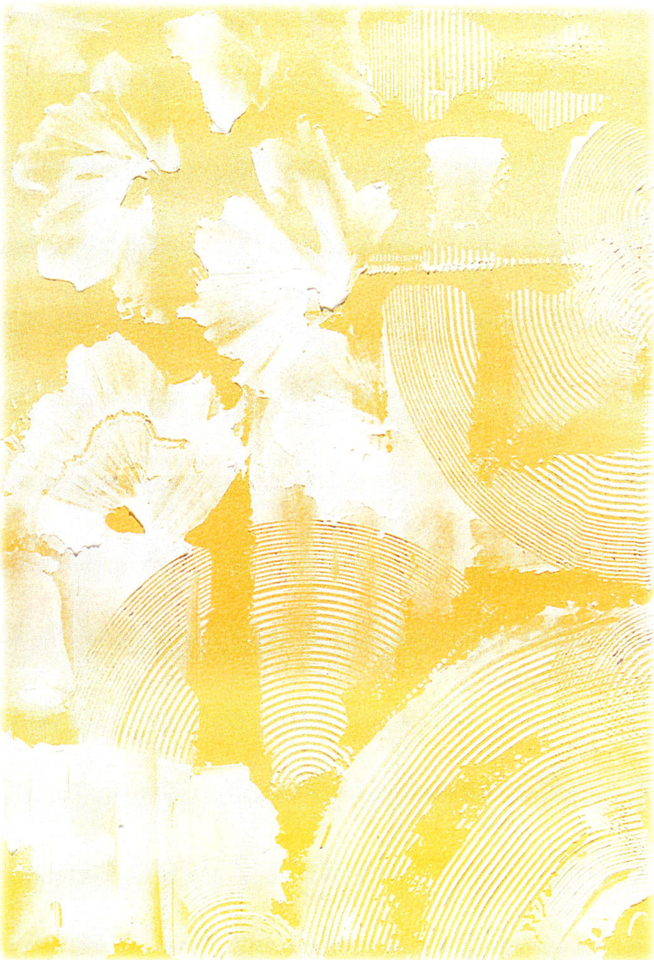

Zweiter Schritt

Nachdem die Farbe getrocknet ist, kann die Strukturpaste aufgetragen werden. Das Werkzeug, mit dem die Paste aufgetragen wird, richtet sich in seiner Größe und Art nach dem Bildformat. Für kleinere Bilder verwendet man zierliche Spachtel und feste Borstenpinsel, wie man sie auch bei der Ölmalerei anwendet. Für sehr große Arbeiten kann man auch schon einmal Spachtel einsetzen, wie sie Handwerker zum Beispiel zum Fliesenlegen benötigen. Je dicker die Strukturpaste aufgetragen wird, umso stärker bildet sich der Reliefcharakter aus. Sehr dünn aufgetragene Paste legt sich hingegen wie ein Schleier auf die bereits bearbeitete Fläche. In unserem Bildbeispiel wurde die Strukturpaste mit einer Spachtel punktuell auf den grundierten Aquarellkarton aufgebracht, sodass die Fläche nicht vollständig damit bedeckt wurde. Auf der rechten Seite ergeben sich zwei gegenläufige radiale Figuren und im linken oberen Bereich lassen sich Blütenformen erkennen. Diese Blütenformen ergeben sich, wenn man versucht, mit der Spachtel am hinteren oder vorderen Ende einen Punkt anzufixieren und um diesen Punkt herum in einer kreisförmigen Bewegung die Spachtelmasse verteilt. Mit einer gezahnten Spachtel können geriffelte Strukturen erstellt werden. Es ist nicht unbedingt notwendig, dass im zweiten Schritt schon alle gewünschten Strukturen auf das Papier gebracht werden. Eine misslungene Bildpassage kann durch die Strukturpaste erneut abgedeckt werden, um anschließend überarbeitet zu werden. Damit die Strukturen nicht beschädigt werden, sollten Sie die Paste vollständig trocknen lassen.

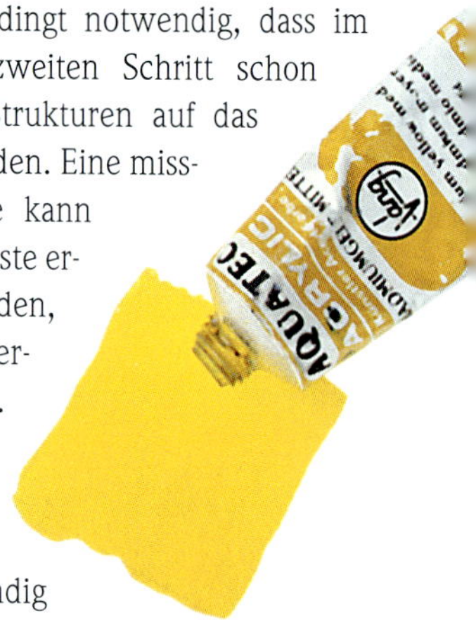

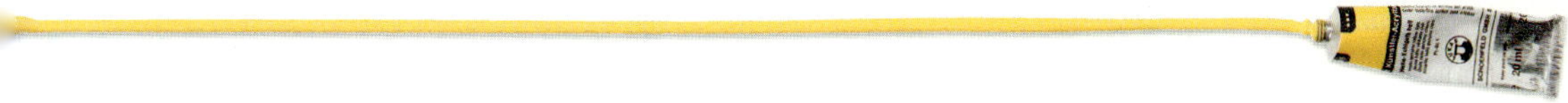

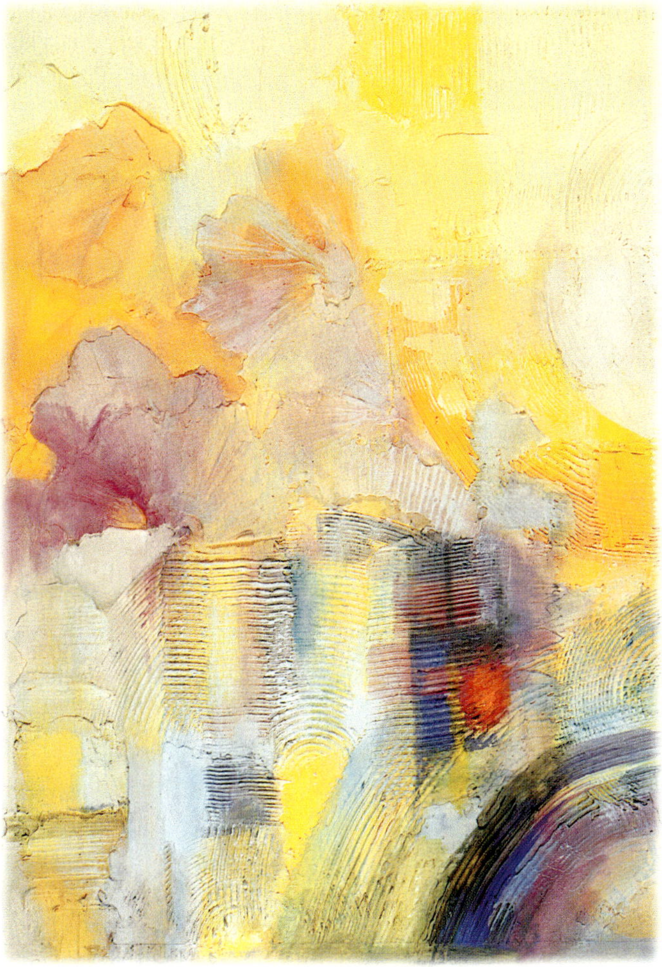

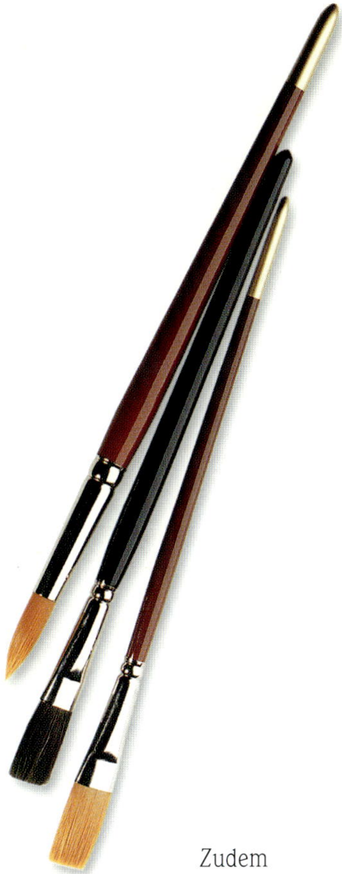

Zudem wurde ein vertikaler Strukturpastenauftrag vorgenommen, der wiederum horizontal geriffelt wurde. Auch die drei einzelnen angedeuteten Blüten lassen sich schon recht gut erkennen, sie erhielten erst nur eine zarte Tönung, sodass sie sich vom gelben Untergrund etwas abheben. Die Strukturen wurden zum Teil überarbeitet, das bedeutet, dass neue Strukturen hinzugefügt wurden und auch bestehende durch neue überlagert wurden. Im Laufe der Arbeit werden sowohl Strukturen als auch Farben immer mehr herausgearbeitet, die Farben werden immer intensiver und dunkler, der Hintergrund wird eher hell belassen.

Dritter Schritt

Nachdem die Strukturpaste aufgetragen wurde, wird mit Farbe weitergearbeitet. Dabei sollten Sie versuchen, farbliche Schwerpunkte zu setzen und dem Bild schon die beabsichtigte Aussage zu verleihen. Verwendet wurden in diesem Schritt vornehmlich die Farben Königsblau, Kadmiumgelb dunkel, Echtpurpur und Zitronengelb.

Der Farbauftrag selbst kann sehr individuell gehalten sein, von transparent lasierend bis hin zu stark deckend. Im rechten unteren Bereich wurde hier ein farblicher Schwerpunkt gesetzt.

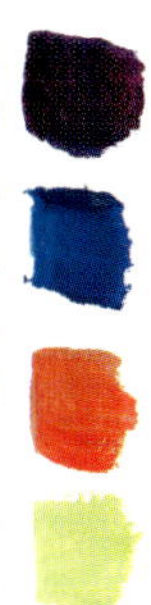

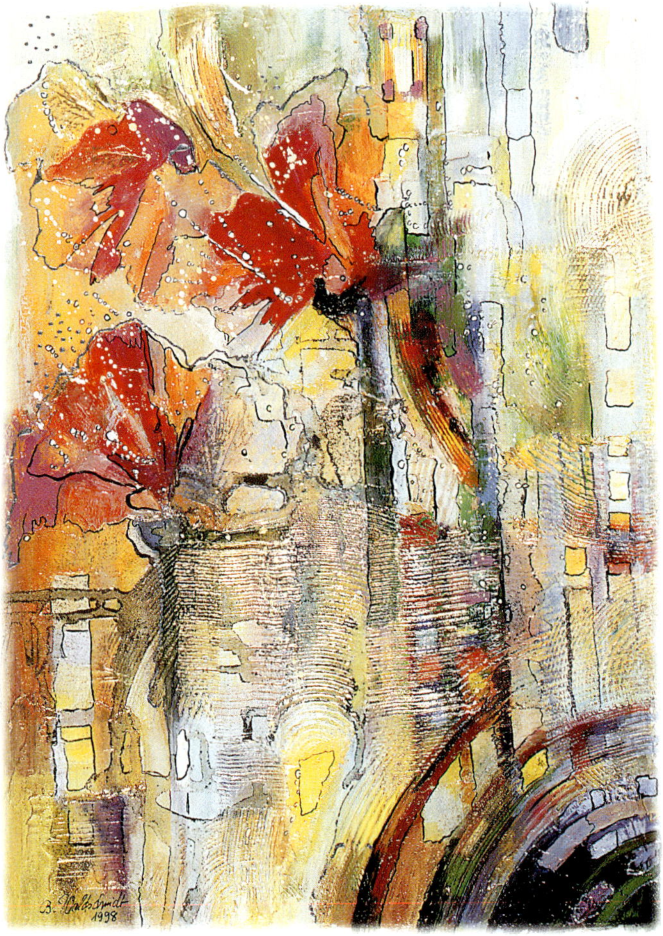

Vierter Schritt

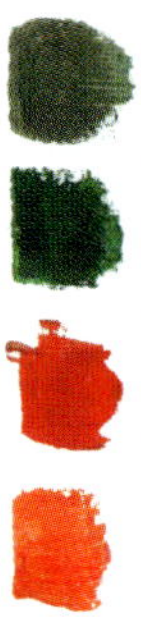

Die letzte Arbeitsstufe zeigt uns das fertige Bild, doch auch vom dritten zum vierten Bild gibt es mehrere Zwischenstufen. Der farbliche Schwerpunkt im rechten unteren Bereich wurde beibehalten und noch stärker ausgearbeitet. Er bildet einen Kontrapunkt zu den jetzt ebenfalls kräftiger gearbeiteten Blüten, die jedoch formal nicht im Vordergrund stehen.

Auf der horizontal geriffelten Fläche im rechten Bereich entstanden kleine Quadrate und der angedeutete Stil verläuft im Nichts oder verändert sich so, dass er als solcher nicht mehr erkennbar ist. Bei der linken Blüte verhält es sich ähnlich, ein grüner Stiel wird in seiner Kontur und Farbe nur leicht angerissen und zerfließt in einen hellen Blauton. Die erhabenen Strukturen legen sich wie ein Reißverschluss auf das Bild. Eine interessante Methode ist auch, wenn Sie die Tubenfarbe unverdünnt zügig über strukturierte Flächen streichen, sodass nur die erhabenen Flächen Farbe annehmen. In den Vertiefungen bleibt die darunter liegende Farbe erhalten. Auf diese Art kann man die Struktur als solche noch besser erkennbar machen. Auch metallische Farben und konturierende Linien, die sparsam eingesetzt werden, können das grafische Bild unterstützen und stärker herausarbeiten. Zuletzt wurde ein Klarlack punktuell aufgetragen, sodass ein Kontrast zwischen farbkräftigen glänzenden Passagen und pudrig matten Partien entsteht.